1 Wissen

2 Ausrüstung

3 Beobachtung

4 Objekte

1 Und sie dreht sich doch

Tagtäglich können wir eine elementares Naturschauspiel am Himmel beobachten: Die Sonne geht im Osten auf, erreicht ihren höchsten Stand im Süden und geht am Abend im Westen unter. Nach Sonnenuntergang folgen die Sterne und Planeten, die den gleichen Weg am Firmament beschreiben.

Falsch gedacht

Dieser Lauf der Gestirne gaukelt dem Beobachter vor, dass die Erde im Mittelpunkt steht und sich alles um sie dreht. In Wirklichkeit stehen Sonne und Sterne jedoch praktisch still. Ihr Lauf am Himmel von Ost nach West wird allein durch die Drehung der Erde um ihre Rotationsachse verursacht.

Zeit der Sonne

Die scheinbare Bewegung der Sonne am Himmel ist ein natürlicher Zeitmesser. Die Zeitspanne zwischen zwei Höchstständen der Sonne an einem bestimmten Standort wird *wahrer Sonnentag* genannt. Da sich die Erde auf ihrer Bahn um die Sonne jedoch nicht gleichmäßig schnell bewegt, läuft auch die Sonne unterschiedlich schnell über den Himmel. Daher geht die *wahre Sonnenzeit* im Bezug zu unserer alltäglichen Uhrzeit zu manchen Zeiten vor und zu anderen Zeiten nach. Damit wir nicht ständig unsere Uhren nachstellen müssen, ist unsere Uhrzeit eine Durchschnittszeit aus diesen Schwankungen. Eine Sonnenuhr dagegen zeigt die wahre Sonnenzeit an.

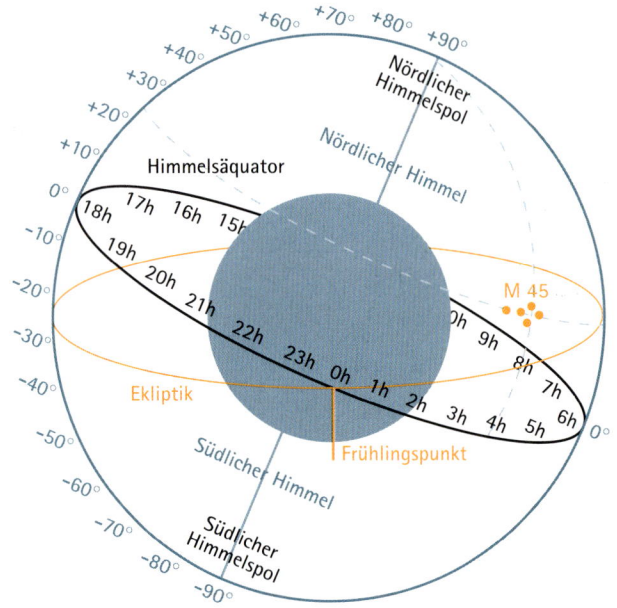

Das Äquatorsystem ist ähnlich dem irdischen System mit Längen- und Breitengraden aufgebaut. Der nördliche und südliche Himmelspol haben +90° bzw –90° Breite, der Himmelsäquator hat 0°. Der Nullpunkt der Längengrade liegt beim Schnittpunkt der Ekliptik mit dem Himmelsäquator, den die Sonne zu Frühlingsbeginn von Süd nach Nord durchläuft. Die Plejaden M 45 z.B. liegen etwa am Schnittpunkt der Koordinaten 4ʰ +24°.

Leichte Schieflage

Die Erde rotiert allerdings in einer leichten Schieflage, denn die Erdachse steht nicht senkrecht zur *Ekliptik*, der Ebene, in der die Erdbahn verläuft, sondern ist um 23,5 Grad gegen diese geneigt. Die Punkte am Himmel auf die die Erdachse zeigt, werden als nördlicher und südlicher *Himmelspol* bezeichnet.

Im Auges des Orkans

Auf Grund der Erddrehung wandern die Sterne auf Kreisbahnen scheinbar um den Himmelspol. Auf der Nordhalbkugel liegt der Pol fast genau beim Polarstern, dem hellsten Stern im Sternbild Kleine Bärin. Gegenüber auf der Südhalbkugel befindet er sich im Sternbild Oktant.

Bei dieser Strichspuraufnahme ziehen die Sterne bei insgesamt etwa 60 Minuten Belichtungszeit schon lange Spuren.
Diese sind am Himmelspol (oben links im Bild) am kürzesten und werden mit zunehmendem Abstand davon immer länger.

Wie auf Erden, so im Himmel

Die tägliche Bewegung der Gestirne macht ein Koordinatensystem notwendig, das von Ort und Zeit unabhängig ist und sich quasi gemeinsam mit der Himmelsphäre dreht. Die Astronomen haben entsprechend dem irdischen Koordinatensystem ein System mit Längen- und Breitengraden am Himmel eingeführt: Es entstand das *Äquatorsystem*.

Die Verlängerung der Erdachse an den Himmel bestimmt somit die Lage der beiden Himmelspole, der *Himmelsäquator* ist der an die Himmelskugel projizierte irdische Äquator. Die Höhe nördlich und südlich des Himmelsäquators wird als *Deklination* bezeichnet und entspricht den Breitengraden der Erde. Der nördliche Himmelspol hat demnach +90° Deklination, die Ebene des Himmelsäquators 0° Deklination und der südliche Himmelspol −90° Deklination.

Wie gehabt

Die gleiche Prozedur wird auf die Längengrade angewendet. Das himmlische Pendant heißt *Rektaszension*. Der Nullpunkt des Äquatorsystems ist der *Frühlingspunkt*, hier befindet sich die Sonne genau zu Frühlingsbeginn. Die Koordinate dafür ist 0 Stunden oder 0h (von lat. hora) und ein kompletter Kreis dieser Koordinatenachse umfasst 24 Stunden.

2 Der Sonnenlauf am Himmel

Wählen Sie einen bestimmten Stern oder ein bestimmtes Sternbild, werden Sie feststellen, dass diese jede Nacht ein wenig früher aufgehen – und zwar knapp 4 Minuten. Nach 365 Tagen sind das insgesamt 24 Stunden. Dann steht alles wieder zur gleichen Zeit am gleichen Punkt, wie im Jahr zuvor.

Geänderter Blickwinkel

Was wir damit indirekt wahrnehmen ist der Umlauf der Erde um die Sonne. Jeden Tag ist die Perspektive, mit der wir von der Erde aus den Himmel sehen, ein wenig anders. Im Sommer schauen wir Nachts in Richtung der Sterne des Schützen, die jetzt gegenüber der Sonne stehen und damit die ganze Nacht sichtbar sind. Zur gleichen Zeit befindet sich die Sonne genau im gegenüber liegenden Sternbild Zwillinge, welches somit gar nicht sichtbar wird, da es nur tagsüber am Himmel steht.

Zeit der Sterne

Im Gegensatz zur Sonnenzeit – unserer »alltäglichen« Zeit – nimmt die Sternzeit nicht die Sonne, sondern die Sterne als Bezugspunkt. Da die Erde in 23h 56min einmal um ihre Achse rotiert, ist der *Sterntag* 4min kürzer als ein *mittlerer Sonnentag* mit 24 Stunden. Diese Differenz ergibt sich daraus, dass die Erde, während sie einmal um ihre eigene Achse rotiert, ein Stück auf ihrer Bahn um die Sonne weiterläuft. Durch die veränderte Perspektive hat die Sonne im Gegensatz zu den weit entfernt stehenden Sternen den *Meridian* noch nicht erreicht und »hinkt« quasi 4 Minuten hinterher.

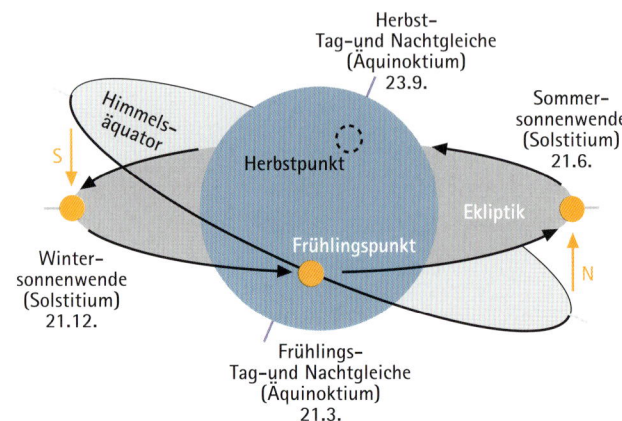

Im *Frühlingspunkt* schneidet die scheinbare Sonnenbahn am Himmel, die Ekliptik, den Himmelsäquator in Richtung Norden. Auf der Nordhalbkugel beginnt mit der Frühlings-Tag- und-Nachtgleiche der Frühling. Im *Herbstpunkt* dagegen überschreitet die Sonne den Himmelsäquator in Richtung Süden, dann beginnt auf der Nordhalbkugel der Herbst. Zu beiden Zeitpunkten sind Tag und Nacht gleich lang. Die *Sonnenwenden* liegen genau zwischen den *Tag- und Nachtgleichen*. Dann hat die Sonne den größten Abstand zum Himmelsäquator: Zur *Wintersonnenwende* auf der Nordhalbkugel, also zu Beginn des Winters steht sie am weitesten südlich, jetzt ist die längste Nacht des Jahres. Zu Beginn des Sommers auf der Nordhalbkugel, der *Sommersonnenwende*, steht sie am weitesten nördlich des Himmelsäquators und markiert den längsten Tag des Jahres.

Der Sonne zugeneigt

Da die Erdachse um 23,5 Grad gegen die Ebene, in der die Erdbahn liegt, gekippt ist, neigt die Erde auf ihrer Sonnenumrundung einmal mehr die nördliche und das andere mal mehr die südliche *Hemisphäre* der Sonne entgegen. Im Sommer steht somit auf der Nordhalbkugel die Sonne höher – wodurch die Sonnenstrahlen steiler einfallen – und länger am Himmel: Die Temperaturen steigen. Im Winter dagegen verläuft die Sonnenbahn sehr flach und die Temeraturen bleiben niedrig. Die Jahreszeiten auf der Südhalbkugel verlaufen genau entgegensetzt.

Kreis der Tiere

Im Laufe eines Jahres durchläuft die Sonne auf ihrer scheinbaren Bahn am Himmel, die *Ekliptik* oder *Tierkreis* genannt wird, 13 *Sternbilder*: Widder, Stier, Zwillinge, Krebs, Löwe, Jungfrau, Waage, Skorpion, Schlangenträger, Schütze, Steinbock, Wassermann und Fische. Bis auf den Schlangenträger werden sie auch als Tierkreissternbilder bezeichnet. Sie sind nicht identisch mit den *Tierkreiszeichen* der Astrologie, die den Tierkreis in zwölf exakt gleich lange Tierkreiszeichen einteilt.

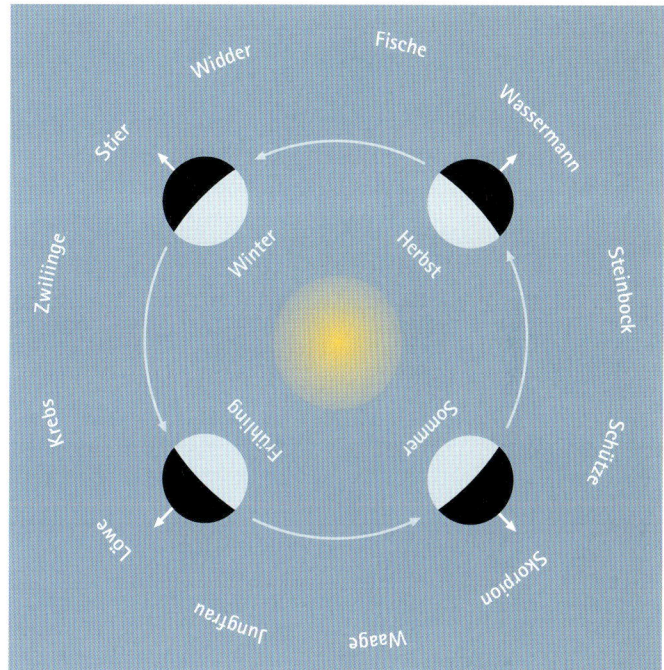

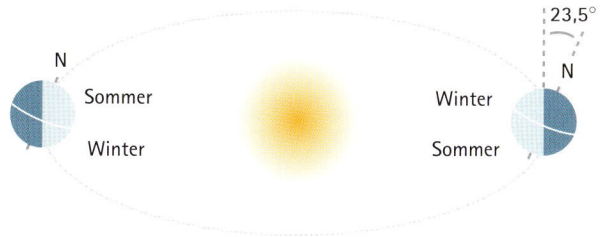

Während des Sommers der Nordhemisphäre erreicht mehr Sonnenlicht die nördliche Hälfte der Erdkugel, auch der Pol befindet sich im Tageslicht und die Sonnenstrahlen fallen steil auf die Oberfläche. Auf der Südhalbkugel ist jetzt Winter. Zur Zeit des Winters auf der Nordhemisphäre sind die Verhältnisse genau umgekehrt, dann herrsch Sommer auf der Südhalbkugel.

Auf der jährlichen Rundreise um die Sonne verschiebt sich unser Blickwinkel jeden Tag ein wenig, so dass in den verschiedenen Jahreszeiten andere Sternbilder am Himmel stehen. Im Winter befinden sich die Sternbilder Widder, Stier und Zwillinge gegenüber der Sonne und sind während der Nacht am Himmel sichtbar.

Die Sternbilder Skorpion, Schütze und Steinbock dagegen werden gar nicht sichtbar, da die Sonne zu dieser Zeit diese Sternbilder durchläuft.

3 Die Gesichter des Mondes

Wenn wir den Mond über einige Tage hinweg beobachten, ist eine Eigenschaft besonders auffällig: die Beleuchtung der Mondscheibe sieht mit jedem Tag anders aus. Nach Neumond ist der Mond kurz nach Sonnenuntergang als schmale Sichel am westlichen Himmel sichtbar. Einige Tage später erscheint er abends als zunehmender Halbmond und wiederum einige Tage später strahlt er die ganze Nacht als hell erleuchteter Vollmond. Danach nimmt der Mond wieder ab, bis er bei Neumond gar nicht mehr sichtbar ist.

Mondphasen und Mondmonat

Diesen stetigen Wechsel des Aussehens, das Zu- und Abnehmen des Mondes während einer Erdumkreisung, bezeichnet man als *Mondphasen*. Nach einer vollständigen Umrundung ist wieder Neumond, darauf beginnt der Kreislauf von vorne. Der komplette Ablauf aller Mondphasen von einem Neumond zum nächsten heißt *Lunation* oder auch Mondmonat. Der Mond benötigt für diesen Zyklus 29,53 Tage, was die Länge eines Monats im Lunarkalender bestimmt. Die Dauer unseres nach Sonne und Mond ausgerichteten »irdischen« Kalendermonats – im so genannten Lunisolar-Kalender – beträgt dagegen 28 bis 31 Tage.

Das »Alter« des Mondes

Der Fortschritt der Mondphasen wird in Tagen gezählt, die seit dem letzten Neumond vergangen sind. Diese Zeitspanne, *Mondalter* genannt, beginnt bei 1d, dem 1. Tag nach Neumond (von lat. dies) und ist fortlaufend bis 29d, dem 29. Tag nach Neumond nummeriert. Danach beginnt die Zählung bei 1d wieder von vorne. In den ersten 24

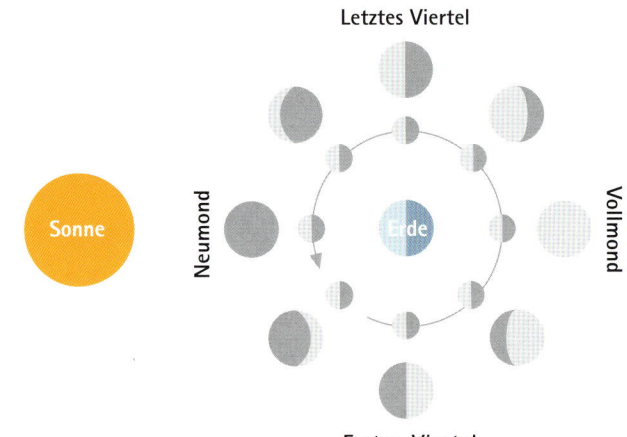

Der innere Kreis zeigt die Beleuchtungsverhältnisse des Mondes während eines Umlaufs, der äußere Kreis zeigt die entsprechende Mondphase, wie Sie diese von der Erde aus sehen können.

Stunden nach Neumond wird das Alter des Mondes auch in Stunden gezählt.

Auf die Richtung kommt es an

Da der Mond kein eigenes Licht ausstrahlt, sondern von der Sonne beschienen wird, sehen wir von der beleuchteten Mondkugel immer nur einen gewissen Teil. Bei Neumond steht der Mond zwischen Sonne und Erde, so dass wir auf seine von der Sonne nicht beleuchtete Seite blicken und er für uns unsichtbar bleibt. Bei Vollmond hingegen befindet sich der Mond gegenüber der Sonne und erscheint uns als vollständig beleuchtete Scheibe. Die anderen Phasengestalten erge

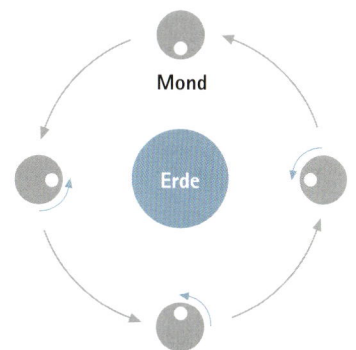

Mond

Erde

ben sich aus den entsprechenden Winkelstellungen des Mondes und der Sonne zueinander.

Rotation im Gleichtakt

Während der Mond die Erde umkreist, rotiert er um seine eigene Achse. Trotzdem ist immer nur die selbe Seite des Mondes sichtbar, seine »Rückseite« ist niemals zu sehen. Diese Tatsache erklärt sich dadurch, dass sich der Mond fast genau in der Zeit, die er für eine Erdumrundung benötigt, einmal um sich selbst dreht. Dies wird als *gebundene Rotation* bezeichnet: Nach einem Viertel seiner Umlaufzeit hat sich auch der Mond um ein Viertel weiter gedreht, nach der Hälfte seiner Umlaufzeit um ein weiteres Viertel usw. Dadurch bleibt uns während des gesamten Umlaufs stets die selbe Seite des Mondes zugewandt.

Doch ein wenig mehr

Tatsächlich können wir aber zeitweise auf Grund der wechselnden Umlaufgeschwindigkeit des Mondes ein wenig mehr vom westlichen und östlichen Rand sehen und auf Grund der Neigung des Mondäquators gegenüber seiner Bahnebene ein wenig mehr auf die nördliche oder südliche Hälfte blicken. Diese periodischen Schwankungen werden unter dem Begriff *Libration* zusammengefasst.

3d 5d 7d
9d 11d 13d
15d 17d 19d
21d 23d 25d

4 Das Sonnensystem – die Heimat unserer Erde

Unsere Heimat ist die Erde – und ihre Heimat das *Sonnensystem*. Dort umkreist sie die Sonne – und mit ihr weitere sieben große *Planeten*, *Zwergplaneten* sowie eine Vielzahl von *Kleinkörpern* in einer Anordnung, welche ihren Beginn vor etwa 4,5 Milliarden Jahren fand.

By the way

Die Planeten des Sonnensystems entstanden praktisch nebenbei. Während die Sonne fast die gesamte Masse der Urwolke, aus der sie entstand, im Zentrum konzentrierte, sammelte sich das verbleibende Material in einer flachen, rotierenden *protoplanetaren Scheibe*. Durch Verklumpung von winzigen Staubteilchen bildeten sich *Planetesimale*, sozusagen Kondensationskerne, die weiter anwuchsen und schließlich die heutigen Planeten formten.

Acht auf einen Streich

Von denen brachte die Staubscheibe acht größere Exemplare hervor: Merkur, Venus, Erde, Mars, Jupiter, Saturn, Uranus, und Neptun. Ein

> Entfernungen innerhalb unseres Sonnensystem werden üblich in *Astronomischen Einheiten*, abgekürzt *AE* angegeben:
> **1 AE = mittl. Abstand der Erde zur Sonne = 149,5 Mio. Km**

leichter Merkspruch dafür ist: Mein Vater erklärt mir jeden Sonntag unseren Nachthimmel. Der ehemalige neunte Planet Pluto zählt seit 2006 nicht mehr dazu und gilt heute als Zwergplanet. Da die Planeten des Sonnensystems gemeinsam aus einer Staubscheibe entstanden sind, umkreisen sie die Sonne in etwa der gleichen Ebene, der *Ekliptik*.

Vier innen – vier außen

Die Gesteinsplaneten Merkur, Venus, Erde und Mars bilden die Gruppe der *inneren Planeten*. Die *äußeren Planeten* Jupiter, Saturn, Uranus und Neptun dagegen sind alle im wesentlichen gasförmig aufgebaut und zählen zu den *Gasriesen*. Zwischen den Planeten Mars und Jupiter umkreisen hunderttausende *Asteroiden* mit einer Größe bis zu mehreren hundert Kilometern die Sonne. Ceres, der größte unter diesen Himmelskörpern, gilt wie Pluto als Zwergplanet. Sein Durchmesser be-

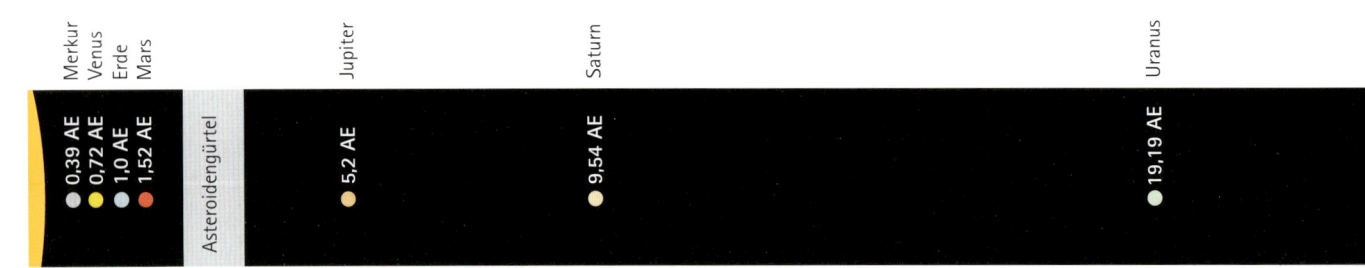

Merkur · Venus · Erde · Mars — 0,39 AE · 0,72 AE · 1,0 AE · 1,52 AE — Asteroidengürtel — Jupiter 5,2 AE — Saturn 9,54 AE — Uranus 19,19 AE

trägt 960 Kilometer und übertrifft damit sogar unseren Mond. Weitere große Exemplare aus diesem *Asteriodengürtel* sind Pallas, Juno und Vesta, die während ihrer *Opposition* auch mit einem kleineren Teleskop gesichtet werden können.

Bis an die Grenzen

Jenseits der Neptunbahn in 30–50 AE bilden über tausend bis heute bekannte Himmelskörper den *Kuipergürtel*. Die Objekte in dieser Region sind vermutlich Reste aus der Entstehungszeit des Sonnensystems, wie Planetesimale oder Kometen. In noch wesentlich größerer Distanz von etwa 50000–100000 AE umgibt die *Oortsche Wolke* das Sonnensystem als kugelförmiger Halo. Sie ist ebenfalls Heimat von Überbleibseln aus der Frühzeit des Sonnensystems, insbesondere von Kometen. Der Übergang zum Kuipergürtel ist vermutlich fließend, allerdings sind die Bahnen seiner Mitglieder meist weniger als 35° gegen die Ebene der Ekliptik geneigt, während die Bahnen der Kometen aus der Oortschen Wolke beliebige Neigungen besitzen.

Rechts: Die Größen der Planeten im Vergleich zur Sonne
Unten: Die Abstände im Sonnensystem in Astronomischen Einheiten

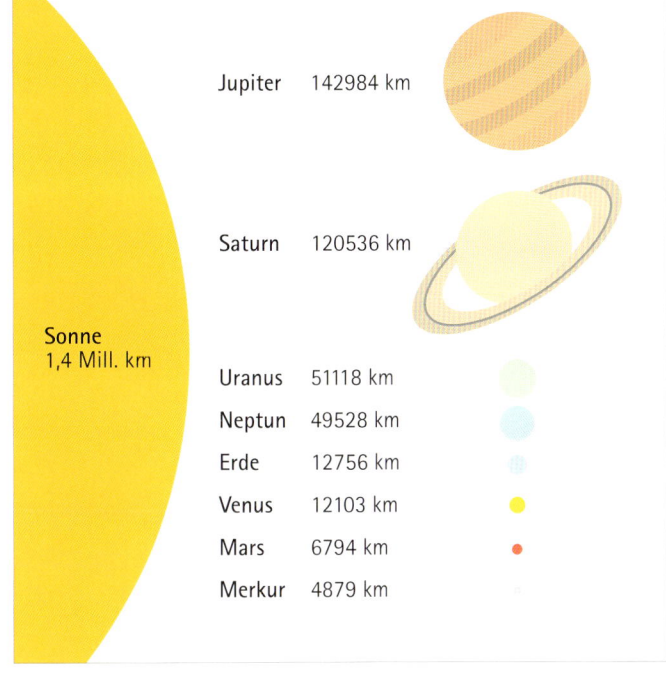

Jupiter	142984 km
Saturn	120536 km
Sonne 1,4 Mill. km	
Uranus	51118 km
Neptun	49528 km
Erde	12756 km
Venus	12103 km
Mars	6794 km
Merkur	4879 km

Neptun

● 30,1 AE

Kuipergürtel

5 Warum leuchtet die Sonne?

Die Sonne wird seit Jahrtausenden in vielen Kulturen als göttlich ver- ehrt. Das ist kein Wunder, denn ohne diesen Stern würden wir nicht existieren. Seit etwa 4,5 Milliarden Jahren leuchtet sie mit unerschüt- terlicher Beständigkeit, und ihr Licht und ihre Wärme sind die Vorraus- setzung für die Entwicklung des Lebens in Form von Pflanzen, Tieren und Menschen.

In der Tiefe liegt die Kraft

Die Quelle der Energie dafür liegt tief im Inneren verborgen: Im Prinzip ist die Sonne ein riesiger Gasball aus 73% *Wasserstoff*, 25% *Helium* und 2% anderen Elementen mit einem Durchmesser von 1,4 Millio- nen Kilometern. Dieser Gasball besitzt keine feste Oberfläche, son- dern seine Dichte nimmt von innen nach außen ab. Als Oberfläche wird diejenige Gasschicht bezeichnet, aus der sichtbares Licht zu uns gelangt; sie wird *Photosphäre* genannt. Weiter außen schließen sich die *Chromosphäre* und Korona an, nach innen die Konvektionszone, Strahlungszone und der Kern. Dort sind Druck und Temperatur so hoch, dass Reaktionen auf atomarer Ebene in Gang kommen.

Kleiner Verlust, große Wirkung

Im Kern der Sonne mit Temperaturen von 15 Millionen Grad kön- nen Atomkerne derart stark aufeinander prallen, dass sie miteinander verschmelzen: Bei dieser *Kernfusion* entstehen aus vier Wasserstoff- kernen ein Heliumkern. Der so entstandene Heliumkern ist allerdings eine Winzigkeit leichter als die vier ursprünglichen Wasserstoffkerne. Dieser kleine Verlust ist der eigentliche Motor der Sonne, denn die *Massendifferenz* wird in Energie umgewandelt. Insgesamt werden so

Die Korona, die lichtschwache äußere Schicht der Sonne, wird während einer Sonnenfinsternis sichtbar. Ansonsten bleibt sie im gleißenden Licht der Sonne verborgen.

4 Millionen Tonnen Wasserstoff in der Sekunde zu Helium fusioniert und dabei eine Energie von 10^{26} *Joule* frei gesetzt. Das entspricht der Leistung von 28 Trillionen Kilowattstunden, dem 44millionenfachen des jährlichen Stromverbrauchs Deutschlands!

Schicht um Schicht

An das Zentrum der Sonne schließt sich eine so genannte Strahlungszone an, in der die entstandene Energie durch Strahlung nach außen transportiert wird. In der darüberliegenden Konvektionszone wird die Strahlung zunehmend absorbiert, so dass Energie durch gewaltige Gasströme transportiert wird, die aufsteigen, sich abkühlen und wieder absinken. Dieser Kreislauf wird durch die Energie aus der Strahlungszone beständig in Gang gehalten, ähnlich einem kochenden Topf voller Wasser auf einer heißen Herdplatte. Die Blasen aufsteigenden Gases können in der Photosphäre als *Granulation* beobachtet werden. Die Temperatur in der Photosphäre beträgt »nur« noch 5500° Celsius.

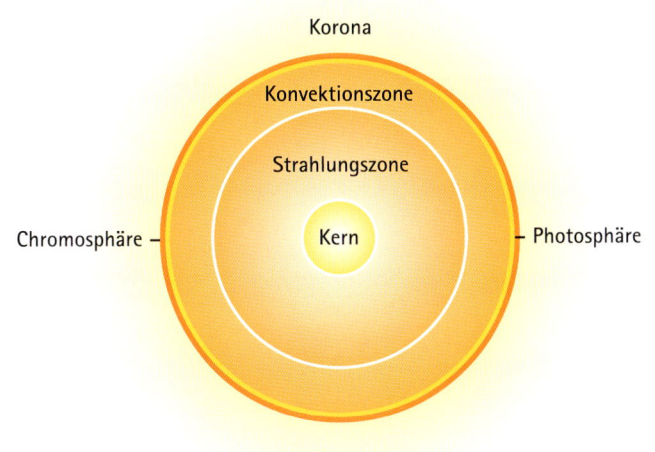

Aufgewickelt

In der Photosphäre sind auch die im Teleskop schwarz erscheinenden *Sonnenflecken* sichtbar, die durch das Magnetfeld der Sonne entstehen. Magnetfelder werden durch Feldlinien veranschaulicht, entlang derer sich z.B. Eisenpfeilspäne in einem Magnetfeld ausrichten. Da die Sonne am Äquator schneller rotiert als an den Polen, wickeln sich die »Magnetfeldlinien« mit jeder Drehung mehr und mehr auf. Irgendwann liegen sie so dicht und die Feldstärke ist so hoch, dass das Magnetfeld durch die Oberfläche bricht: An diesen Stellen entstehen die Sonnenflecken. Deren Temperatur ist etwa um 1000° Celsius niedriger als die der sie umgebende Sonnenoberfläche und lässt sie im Kontrast zum heißeren Material dunkel erscheinen.

Im Gleichtakt

In einem 11-jährigen Rhythmus verändert sich die Stärke und Anzahl der Sonnenflecken und gleichzeitig auch die Intensität von *Protuberanzen* und *Flares*, gewaltigen Explosionen und Strahlungsausbrüchen, die große Mengen an Sonnenmaterie in den Weltraum schleudern können. Die Schicht in der sich dieses Geschehen abspielt ist die Chromosphäre. Zur Beobachtung dieser Erscheinungen benötigen Sie allerdings einen speziellen Filter (*H-alpha-Filter*), der nur Licht mit einer bestimmten Wellenlänge durchlässt.

Die Krönung

Die äußerste Schicht, welche wie eine Atmosphäre in den Weltraum übergeht, ist die bis zu etwa 1 Million Grad heiße *Korona*. Diese wird praktisch nur als heller Strahlenkranz während der kurzen Totalitätsphase einer *Sonnenfinsternis* als heller Strahlenkranz sichtbar.

6 Eine Polarlichtnacht

Unsere Erde hat eine natürliche »Lightshow« im Programm, gegen die selbst riesige Feuerwerke und grell in den Himmel strahlende Skybeamer nur ein müder Abklatsch sind: *Polarlichter*, jene Leuchterscheinungen, die in eleganten Bögen, Strahlen und Schleifen über den Nachthimmel geistern. Bei Polarlichtern denken wir sofort an ein Phänomen der nördlichen Länder und weniger an ein Himmelsereignis, das in Mitteleuropa üblich ist. Aber selbst in Deutschland, Österreich und der Schweiz sind Polarlichter sichtbar, man muss nur wissen wann!

Die Sonne macht's

Für das »Wann« ist ein Blick auf die Sonne notwendig, denn dort findet sich der Ursprung dieses Himmelsschauspiels. Unsere Sonne strahlt unablässig eine Mischung elektrisch geladener Teilchen wie Elektronen und Protonen in den Weltraum, den *Sonnenwind*. Bevor diese Teilchen die Erde erreichen können, werden sie vom irdischen Magnetfeld, welches eine Art Schutzblase – die Magnetosphäre – bildet, abgefangen und um sie herum geleitet. Innerhalb dieser Blase herrscht ein System elektrischer Ströme, das letztlich vom Sonnenwind angetrieben wird. So führen Schwankungen der Sonnenwindstärke dazu, dass Ströme auch in tieferen Schichten der Atmosphäre entstehen. Dabei bewegen sich die elektrischen Teilchen, hauptsächlich Elektronen, entlang der Magnetfeldlinien. Im Bereich um die magnetischen Pole eröffnet sich ihnen schließlich ein Fenster in die untere Atmosphäre.

Polarlicht im Rheinland während einer starken Sonnenaktivität im November 2003. Deutlich sind auch grüne Nuancen im Farbspiel sichtbar.

Jetzt wird's bunt

Dort, in Höhen von etwa 100km – 200km stoßen sie auf die Sauerstoff- und Stickstoffmoleküle der Luft, die darauf mit der *Emission* von Licht reagieren und den Himmel in den typischen Farben Rot, Violett und Grün erglühen lassen. Rotes Licht entsteht dabei durch Sauerstoff in etwa 200km Höhe, grünes Licht durch Sauerstoff in etwa 100km Höhe und violettes und blaues Licht durch Stickstoff. Vom Weltraum aus betrachtet bilden die Polarlichter geschlossene Lichtringe um die magnetischen Pole, die aber nur selten bis in unsere Breitengrade reichen. Im Norden heißt dieses Schauspiel Nordlicht (Aurora borealis) und auf der Südhalbkugel Südlicht (Aurora australis).

Es geht auch heftig

Mit eindrucksvollen Polarlichtern ist in Mitteleuropa aber dann zu rechen, wenn der Sonnenwind besonders heftig »weht«, z.B. wenn *Flares* – starke Eruptionen auf der Sonnenoberfläche – eine große Zahl energiereicher elektrischer Teilchen ins All schleudern und diese die Erde erreichen. Dann dehnt sich der nördliche Polarlichtring südlich in Richtung Mitteleuropa aus, bis meistens der höhere rote Abschnitt über den Horizont lugt und so für uns sichtbar wird. In Nordrichtung wird dann ein glutrotes Leuchten am Horizont erkennbar, bei außerordentlich starken Nordlichtern sogar mit grünen Farbschattierungen, die einen sich ständig verändernden Farbteppich bis hoch an den Himmel zaubern. In der Regel besteht für uns nur für etwa eine handvoll Nächte im Jahr die Chance auf ein solches Großereignis.

Da heißt es aufpassen!

Zum Glück steht die Sonne 24 Stunden am Tag und 365 Tage im Jahr unter Beobachtung. Daten zur aktuellen Sonnenaktivität stehen damit ständig zur Verfügung, z.B. im Internet. So sind Sie jederzeit

Tipp: Eine Polarlichtfotografie ist gar nicht schwer. Mit einer Digitalkamera sind Sie in der Lage beeindruckende Nordlichtaufnahmen zu machen. Fahren Sie am Abend einer Polarlichtwarnung am besten ein Stück aufs Land und richten die Kamera mit einem Stativ in Richtung Norden. Wenn Sie ein rotes Leuchten am Horizont wahrnehmen, versuchen Sie Aufnahmen mit verschiedenen Belichtungszeiten von etwa 15–30 Sekunden. Belichten Sie aber nicht wesentlich länger, da ansonsten die Bewegungen der Polarlichter verwischt werden. Halten Sie in Stadtnähe bei hellem Himmel die Belichtungszeit eher kürzer. Selbst wenn am Himmel nur ein schwacher roter Lichtschimmer sichtbar ist, kann die Aufnahme Strukturen in Rot und Grün zeigen.

auf dem neuesten Stand, und Sie können sich sogar Polarlichtwarnungen als E-Mail senden lassen, damit Ihnen keine Vorhersage durch die Lappen geht.

Hilfreiche Anlaufstellen dafür sind zum Beispiel:

- www.polarlichtvorhersage.de
- www.sam-europe.de
- www.meteoros.de
- www.spaceweather.com

Wenn das Wetter mitspielt und der Mond den Himmel nicht zu sehr erhellt, haben Sie eine gute Chance auf ein himmlisches Lichtspiel.

7 Sonne und Mond im Dunkeln

Finsternisse stehen bei vielen Hobby-Astronomen in der Beliebtheit weit oben. Besonders *Sonnenfinsternisse* können äußerst beeindruckend sein, aber ebenfalls die weniger spektakulär wirkende Mondfinsternis hat ihren Reiz. In beiden Varianten spielt der Mond eine Hauptrolle.

Erster Auftritt: Die Sonne im Dunkeln

Während einer Sonnenfinsternis schiebt sich der Mond für kurze Zeit vor die Sonne. Das wäre im Grunde bei jedem *Neumond* der Fall, wenn der Mond auf seinem Erdumlauf zwischen Sonne und Erde steht. Die Mondbahn verläuft aber nicht in der Ebene der Erdbahn, der *Ekliptik*, sondern ist um 5° gegen diese geneigt, so dass der Mond während seines Erdumlaufs meist über oder unter der Sonne vorbeizieht. Eine Sonnenfinsternis ist somit nur in der Nähe eines Schnittpunktes der Mondbahn mit der Ekliptik – dem *Mondknoten* – möglich, dann stehen Sonne und Mond sozusagen auf gleicher Höhe am Himmel. Das ist in der Regel 2- bis 3-mal im Jahr der Fall.

Verschiedene Schatten

Auf der Erdoberfläche entstehen dabei zwei Schattengebiete: Der große *Halbschatten*, in dessen Bereich die Sonne auf Grund der Perspektive nur teilweise verfinstert ist (partielle Sonnenfinsternis) und sichelförmig vom Mond bedeckt wird, und der Bereich des *Kernschattens*, die *Totalitätszone*, in der die Sonne vollständig verdeckt wird. Nur im Bereich des Kernschattens ereignet sich eine totale Sonnenfinsternis. Die Breite dieser Region beträgt höchstens etwa 300 Kilometer. Aufgrund der Erdrotation und der Mondbewegung rast der Mondschatten

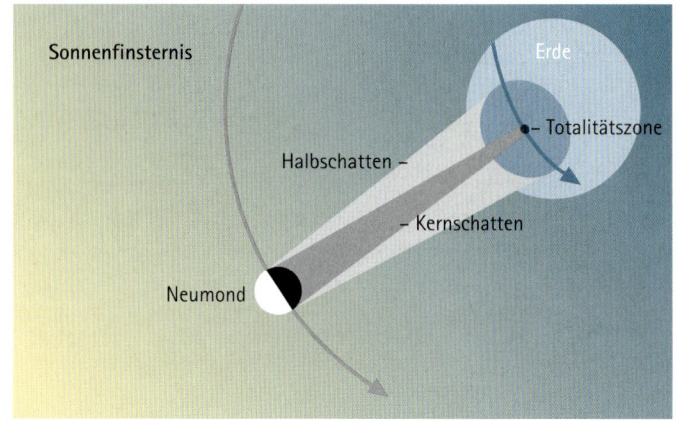

Auf Grund des unterschiedlichen Durchmessers von Mond und Erde ist der Bereich des Kernschattens bei einer Sonnenfinsterniss wesentlich kleiner als bei einer Mondfinsternis. Die Dauer der Sonnenfinsternis an einem Standort ist dementsprechend kürzer.

mit mindestens 1680km/h über die Erdoberfläche und beschränkt die Länge einer totalen Verfinsterung auf maximal 7,6 Minuten.

Der Höhepunkt

Während dieser kurzen Zeitspanne ist der Himmel so dunkel, dass die hellsten Sterne und Planeten sichtbar werden. Die *Korona* der Sonne, die normalerweise von der blendenden Helligkeit des Tagesgestirns überstrahlt wird, erscheint als leuchtender Strahlenkranz; ebenfalls tauchen für kurze Zeit rote Feuerzungen, die *Protuberanzen*, am Sonnenrand auf.

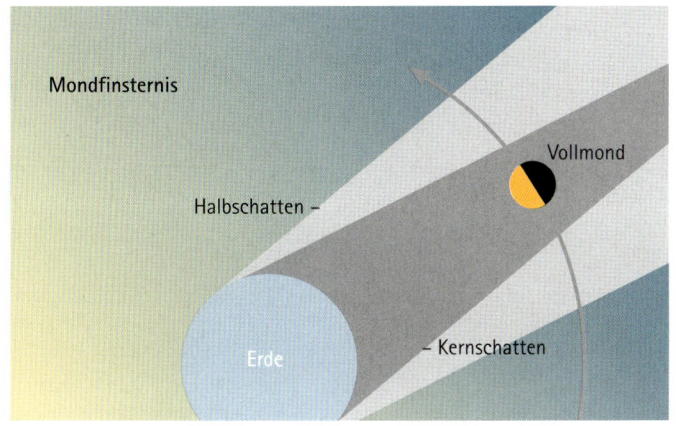

Mondfinsternis

Halbschatten –

Vollmond

Erde

– Kernschatten

Im deutschen Sprachraum sichtbare Mondfinsternisse	
21.2.2008	total, maximale Verfinsterung 4:26 Uhr MEZ
16.8.2008	partiell, maximale Verfinsterung 23:10 Uhr MESZ
31.12.2009	partiell, maximale Verfinsterung 20:22 Uhr MESZ
15.6.2011	total, maximale Verfinsterung 22:13 Uhr MEZ
25.4.2013	total, maximale Verfinsterung 22:07 Uhr MEZ
Totale Sonnenfinsternisse in Europa	
01.8.2008	Norwegen und Russland (Nördliches Eismeer)
20.3.2015	Färöer

Umfassende Informationen zu allen Finsternissen:

sunearth.gsfc.nasa.gov/eclipse/eclipse.html (englisch)

www.calsky.com (deutsch)

Ring aus Feuer

Eine spezielle Art der Sonnenfinsternis ist die ringförmige Finsternis. Wenn der Mond sich auf seiner elliptischen Umlaufbahn besonders weit von der Erde entfernt befindet, ist sein Durchmesser am Himmel nicht mehr groß genug, um die Sonne vollständig zu bedecken. Dann bleibt ein schmaler, gleißend heller Ring der Sonnenscheibe während der maximalen Bedeckung um den Mond sichtbar.

Zweiter Auftritt: Der Mond im Dunkeln

Bei einer Mondfinsternis durchquert der Mond den weit in den Weltraum reichenden Erdschatten und wird verdunkelt. Das ist nur bei Vollmond möglich, wenn die Erde sich zwischen Sonne und Mond befindet. Wie bei einer Sonnenfinsternis muss sich der Mond dabei allerdings ebenfalls in der Nähe eines Mondknotens befinden, da anderenfalls der Erdschatten den Mond verfehlt. Zweimal pro Jahr ist das der Fall, selten dreimal.

Vor- und Nachteile

Eine Mondfinsternis ist nicht ganz so dramatisch wie eine Sonnenfinsternis. Der Mond wird lediglich in seiner Helligkeit gedämpft und bleibt als dunkelrot bis kupferrot oder orange leuchtende Scheibe sichtbar, was durchaus seinen Reiz besitzt. Der Vorteil ist, dass Sie eine Mondfinsternis an jedem Ort der Welt verfolgen können, an dem der Mond zum Zeitpunkt der Verdunklung über dem Horizont steht. Darüber hinaus ist der Kernschatten der Erde in Mondentfernung im Mittel mit 9000 Kilometern sehr groß, so dass eine Mondfinsternis maximal 3,5 Stunden dauern kann. Der Mond kann ebenfalls partiell verfinstert werden, wenn er nur teilweise den Kernschatten der Erde durchläuft – dann erscheint lediglich eine »Ecke« des Mondes dunkler. Wenn der Mond nur in den Halbschatten eintritt, wird die Helligkeit der Mondscheibe kaum merklich vermindert.

8 Sternschnuppen im August

In der Regel ist der Sternfreund über jegliches Licht am nächtlichen Himmel verärgert, welches die Beobachtung stört oder lang belichtete Astrofotografien verderben kann, z.B. bevölkern zusehends Satelliten und Flugzeuge das Firmament. Eine Leuchterscheinung bringt jedoch wahrhaftig Glanz ins Auge jedes Amateurastronomen: die Sternschnuppen, jenes kurze Aufglühen, welches die Menschen sogar auf die Erfüllung eines Wunsches hoffen lässt. Früher sahen die Menschen in den Sternschnuppen die Seelen Verstorbener auf dem Weg in den Himmel.

Frontalcrash mit Volldampf

In Wirklichkeit befinden sich die Auslöser dieser Lichtblitze genau auf dem umgekehrten Weg, mit Volldampf vom Weltraum zur Erde. Dabei treffen staubkorn- bis etwa kieselsteingroße Teilchen, *Meteoroide*, mit Geschwindigkeiten von 30–70km pro Sekunde auf die Erdatmosphäre und erhitzen sich bei diesem Vorgang auf über 1000°C. Durch Reibung und verdampftes Meteoroidenmaterial wird die Luft entlang der Flugbahn ionisiert, d. h. die Atome verlieren ein oder mehrere Elektronen. Bei der darauf folgenden Wiedervereinigung von Atom und Elektron wird Energie frei, die sich als Leuchterscheinung bemerkbar macht: ein *Meteor* oder Sternschnuppe. In dem Fall, dass ein *Meteoroid* zu groß ist, um vollständig zu verdampfen und ein Teilstück die Erdoberfläche erreicht, heißt er *Meteorit*. Das jüngste Beispiel für einen in Deutschland niedergegangenen Meteoriten ist der Neuschwansteinmeteorit vom April 2002.

Kugeln aus Feuer

Besonders große Meteoroide verursachen ein sehr helles und längeres Leuchten. Diese *Boliden* können eine solche Helligkeit erreichen, dass sie deutliche Schatten werfen. Die »Flugdauer« beträgt manchmal einige Sekunden, oft verbunden mit Helligkeitsausbrüchen, bei denen die Meteoroide in Teilstücke zerfallen können. Hin und wieder ist danach eine Art Rauchspur sichtbar, die sich minutenlang halten kann und schließlich vom Wind verweht wird. Diese selteneren Ereignisse sind wirklich beeindruckend.

Schlechte Zeiten – gute Zeiten

Üblicherweise sind Sternschnuppen nicht vorhersagbar und in einer klaren dunklen Nacht können Sie einige sog. sporadische Meteore beobachten. Zu bestimmten Zeiten wird es Ihnen jedoch einfacher gemacht, dann ist es an der Zeit auf Sternschnuppenjagd zu gehen. In mehreren Nächten des Jahres kann die Anzahl der sichtbaren Sternschnuppen enorm ansteigen: Immer dann, wenn die Erde auf ihrem Weg um die Sonne die Staubspur, die ein *Komet* auf seiner Bahn hinterlässt, kreuzt. Ein Teil davon trifft dann auf die Erdatmosphäre. Diese *Meteorströme* erscheinen jedes Jahr zur gleichen Zeit und können, wenn die Erde einen besonders dichten Teil einer Staubspur trifft, gigantische Meteorstürme mit bis zu mehreren hundert Meteoren pro Minute entfachen!

Richtungsweisend

Im Gegensatz zu den sporadischen Meteoren scheinen die Sternschnuppen eines Meteorstroms alle aus der gleichen Richtung am Himmel zu kommen. Der Punkt an dem die Bahnen ihren Ursprung finden, wird *Radiant* genannt. Die Namen der Meteorströme leiten sich von dem Sternbild ab, in dem ihr jeweiliger Radiant zu finden ist, z.B. liegt der Radiant der Perseiden im Sternbild Perseus. Diese sind der bekannteste Meteorstrom im Sommer und zeigen etwa 100 Sternschnuppen pro Stunde. In der zweiten Nachthälfte ist das Sternbild im August hoch am Himmel sichtbar und die Meteorbeobachtung verspricht einige spannende Stunden, wenn nicht der Vollmond oder eine andere helle Mondphase die Beobachtung behindert.

Die Perseiden sind jährlich im Zeitraum vom 17. Juli bis 24. August sichtbar, mit einem Höhepunkt um den 12. August. Zur Vorbereitung einer Sternschnuppennacht benötigen Sie nicht viel: eine Isomatte oder Liegestuhl, ein Fernglas und in kalten Nächten einen Schlafsack. Informieren Sie sich einige Tage vorab über den genauen Zeitpunkt des Maximums bei einer Sternwarte in Ihrer Nähe, im Internet oder in einem astronomischen *Jahrbuch*. Die maximale Anzahl von Sternschnuppen ist nur in einem kleinen Zeitfenster von ein oder zwei Stunden sichtbar. Die meisten Sternschuppen erscheinen nicht genau am Radianten, sondern erst in einiger Entfernung davon. Am besten liegen Sie entspannt auf einer Liege und halten ein Himmelsareal etwas entfernt von Radiant im Auge. Wenn Sie mit mehreren Personen beobachten, ist es sinnvoll, dass jeder ein anderes Himmelsareal überwacht. So entgehen Ihnen nur wenige Meteore. Das ist besonders wichtig, wenn Sie die Anzahl der beobachteten Sternschnuppen zählen möchten. Halten Sie auch das Fernglas zur Hand, denn damit bleibt die Rauchspur großer Meteore noch lange sichtbar.

Die Aufnahme zeigt die hellsten Meteore des Aktivitätsmaximums der Perseiden. Deutlich ist ihr gemeinsamer Ursprung am Radianten erkennbar.

9 Kometen: Vagabunden im Sonnensystem

Wer schon einmal einen wirklich hellen *Kometen*, wie z.B. Hale-Bopp im April 1997 gesehen hat, kann vielleicht nachvollziehen, wie diese Schweifsterne die Menschen einstmals in Angst und Schrecken versetzen konnten. Manche Kometen werden auf ihrer Reise durch das Sonnensystem so hell, dass sie sogar tagsüber sichtbar werden und sich ein langer *Schweif* über einen großen Teil des Nachthimmels erstreckt, wie im Januar 2007 »McNaught«, der hellste Komet der letzten Jahrzehnte.

Seltener Gast

Dabei sollte man sich besser über diesen Gast freuen! Solch helle Kometen statten uns nur selten einen Besuch ab, denn es kann ein Jahrzehnt oder mehr zwischen dem Auftauchen heller Kometen vergehen. Lichtschwächere, nur mit dem Fernglas oder dem Teleskop erkennbare Schweifsterne treten jedoch in der Regel jedes Jahr in Erscheinung.

Von weit komm' ich her

Kometen sind Mitglieder unseres Sonnensystems und stammen aus dessen Außenbezirken, dem *Kuipergürtel* und der *Oortschen Wolke*. Sie sind Überbleibsel aus der Zeit als sich die Planeten bildeten und umkreisen dort die Sonne. Die mehrere Kilometer großen Kerne der Kometen bestehen zum größten Teil aus gefrorenem Wasser, Kohlendi-

Im Frühjahr 1997 zeigte der Komet Hale-Bopp einen Schweif, der sich über 30°–40° am Himmel erstreckte. Auf der Fotografie sind deutlich der blaue Gasschweif und der gelbliche Staubschweif erkennbar.

oxid, Methan, Ammoniak sowie Staubpartikeln. Der häufig verwendete Begriff »schmutziger Schneeball« trifft den Charakter gut.

Reise ohne Wiederkehr

Oft ist der Besuch im Sonnensystem für uns Beobachter einmalig, denn viele Kometen bewegen sich auf lang gestreckten Ellipsenbahnen

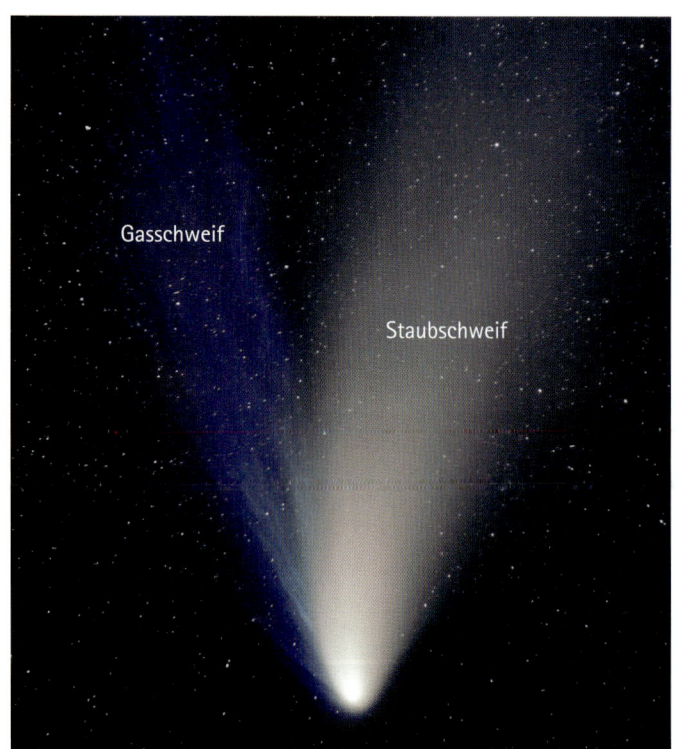

mit Umlaufzeiten von einigen 100 Jahren. Man nennt sie die lang-periodischen Kometen. Kurzperiodische Kometen hingegen bewegen sich auf Bahnen mit Umlaufzeiten unter 200 Jahren. Ein berühmtes Beispiel dafür ist der Halleysche Komet mit einer Umlaufzeit von 76 Jahren. Manche Kometen bewegen sich jedoch auf Hyperbel- oder Parabelbahnen, in die sie durch Störungen der großen Planeten gelangt sind, und verschwinden nach ihrem Erscheinen auf Nimmerwiedersehen im Weltraum. Letztere gehören zur Familie der aperiodischen Kometen, zu denen aber ebenfalls Kometen zählen, deren Bahn nicht genau bestimmt werden konnte.

Die Sonne macht Dampf

Etwa in Jupiter-Entfernung von der Sonne wird die Sonnenstrahlung so stark, dass die flüchtigen Anteile des Kometen direkt in den umgebenden Weltraum *sublimieren*, dabei Staubteilchen mitreißen und eine *Koma* ausbilden. Das typische Bild eines solch weit entfernten Kometen ist ein kleiner Lichtpunkt, umgeben von einem schwachen Leuchten. So wird sich Ihnen ein Komet am häufigsten zeigen und er könnte eventuell mit einem Deep-Sky-Objekt verwechselt werden, wäre da nicht seine Eigenbewegung. In einem sehr kurzen Zeitraum, von einer Stunde oder weniger bewegt sich der diffuse Kern deutlich vor den Sternen im Hintergrund.

Ausschweifendes Verhalten

Kommt der Komet auf seiner Umlaufbahn jedoch der Sonne näher als der Mars, wird die Koma durch den Sonnenwind und den Strahlungsdruck weggeblasen und der Schweif des Kometen entsteht, genauer gesagt zwei Schweife: Ein *Gasschweif*, der direkt von der Sonne weg gerichtet ist und ein *Staubschweif*, der gekrümmt erscheint, da die Partikel auf eigenen Bahnen die Sonne umlaufen. Bei besonders hellen

Meistens erscheint ein Komet nur als schwacher diffuser Lichtpunkt, wie der Komet Machholz aus dem Jahr 2005.

Kometen kann die Länge des Schweifs mehrere hundert Millionen Kilometer betragen. Manchmal kann man auch den sog. Gegenschweif beobachten, der jedoch nur ein Projektionseffekt ist, wenn sich die Erde zwischen Komet und Sonne befindet und ein Teil des gekrümmten Staubschweifs über den Kometenkopf hinausragt. Mit jeder Annäherung an die Sonne verliert der Komet Material, wird kleiner, zerfällt eventuell und ist in der Regel nach etlichen Sonnenumrundungen nicht mehr als solcher erkennbar.

Kometen im Internet

Bahndaten aktueller Kometen, die Sie in eine Astronomiesoftware einbinden können, finden Sie z.B. bei:

- www.fg-kometen.de

19

10 Lebensweg der Sterne

Seit der Mensch die Augen zu den Sternen richtet, ist er von ihnen fasziniert. Sie scheinen auf den ersten Blick jeder Veränderung zu trotzen, ziehen tagein tagaus und Jahr für Jahr ihre Bahn. Doch auch die Sterne durchlaufen einen Lebensweg, werden geboren, entwickeln sich und enden auf unterschiedliche Weise.

Am Anfang war die Wolke

Sterne entstehen in ausgedehnten Gaswolken aus Wasserstoff und Helium mit 100 bis einigen 1000 Mal so viel Masse wie unsere Sonne. Diese riesigen Gaswolken kollabieren auf Grund ihrer eigenen *Gravitation*. Bei diesem Vorgang bilden sich – begünstigt durch Dichteschwankungen – begrenzte Regionen mit höherer Dichte aus, die unabhängig kollabieren. Sterne entstehen also in der Regel nicht alleine, sondern in Gruppen mit vielen Mitgliedern, aus denen ein *Sternhaufen* hervorgehen kann. Das Zentrum des Orionnebels M 42 ist eine solche Kinderstube.

Es werde Licht!

Masse und Dichte in den einzelnen Regionen – man spricht von Protosternen – steigen im Laufe der Zeit immer mehr an, bis schließlich im Zentrum Temperaturen und Dichten erreicht werden, bei denen die *Kernfusion* von *Wasserstoff* zu *Helium* zündet. Erst jetzt spricht man von einem Stern – die neue Sonne wird in diesem Augenblick geboren. Die meiste Zeit seines Lebens bezieht der Stern jetzt Energie aus der Kernfusion von Wasserstoff zu Helium.

Die Kernregion des Orionnebels M 42 mit dem Trapez ist ein Sternentstehungsgebiet, eine Geburtsstätte neuer Sonnen. Der Blick wird frei, da die jungen Sterne die sie umgebende Gas- und Staubwolke durch ihre Strahlung »weggeblasen« haben.

Weniger ist mehr

Den gesamten Lebensweg und die Lebensdauer eines Sterns bestimmt die Masse, die während seiner Entstehung angesammelt wurde. Einfach gesagt: Je größer die ursprüngliche Masse, desto kürzer die Lebensdauer. Ein massereicher Stern verbraucht seinen Brennstoff um ein Vielfaches schneller als ein massearmer.

Zwerge und Riesen

Konnte ein Stern nur weniger als 0,08 Sonnenmassen ansammeln, entsteht ein *Brauner Zwerg*, eine Sonne, die eigentlich gar nicht richtig geboren wird, da die Kernfusion nicht einsetzt. Diese Sterne beziehen ihre Energie daraus, dass sie langsam schrumpfen.

Sonnenähnliche Sterne verbrauchen ihren Brennstoff im Laufe von etwa 10 Milliarden Jahren. Danach blähen sie sich um ein Vielfaches ihrer Größe auf und werden zu *Roten Riesen*, deren äußere Schicht schließlich als *Planetarischer Nebel* abgestoßen wird. Der Ringnebel M 57 ist ein schönes Beispiel dafür. Der Kern entwickelt sich zu einem etwa erdgroßen *Weißen Zwerg*, der über keine eigene Energiequellen mehr verfügt, allmählich erkaltet und schließlich erlischt. Diesen Weg wird auch unsere Sonne gehen, allerdings steht sie mit einem Alter von 5 Milliarden Jahren in ihrer Blütezeit.

Neutronensterne und Schwarze Löcher

Sterne mit einem Vielfachen der Sonnenmasse durchlaufen ihre Fusionsphase wesentlich schneller. Sie verbrauchen ihren Brennstoff in nur wenigen Millionen Jahren. Danach ist das Ende umso heftiger. Erlischt die Energieproduktion im Zentrum und überschreitet die Masse des Kerns das etwa 1,4fache der Sonnenmasse, bricht er unter seiner eigenen Schwerkraft schlagartig zusammen. Dabei wird eine Stoßwelle erzeugt, die die verbliebene Hülle des Sterns in den Weltraum sprengt. Diesen Prozess sehen wir als *Supernova*, die heller als sämtliche Sterne einer Galaxie aufleuchten kann. Der *Emissionsnebel* M 1, auch als Krebsnebel bekannt, ist ein solcher Überrest einer Supernova aus dem Jahre 1054. Übrig bleibt eine extrem dichte Kugel von nur etwa 20 Kilometern Durchmesser – ein *Neutronenstern*. Sein starkes Magnetfeld bewirkt, dass elektromagnetische Strahlung nur in einem engen Kegel um die Magnetfeldachse ausgesandt werden kann. Fallen die Rotationsachse des Neutronensterns und seine Magnetfeldachse nicht zusammen, beschreibt dieser Strahlungskegel eine Kreisbahn und kann wie bei einem Leuchtturm mit jeder Umdrehung über den Beobachter streichen. Dann spricht man von einem *Pulsar*. Überschreitet der Restkern eines Sterns aber etwa die 3fache Sonnenmasse, ist der Zusammenbruch durch keine Kraft mehr aufzuhalten: Die Materie verdichtet sich auf einen unendlich kleinen Punkt, ein *Schwarzes Loch* ist entstanden, dessen Schwerkraft so stark ist, dass sogar Licht nicht mehr entweichen kann.

Im Zentrum von M 1 rotiert ein Neutronenstern extrem schnell. Alle 33 Millisekunden streicht sein Strahlungskegel über die Erde, er wird deshalb als Millisekunden-Pulsar bezeichnet.

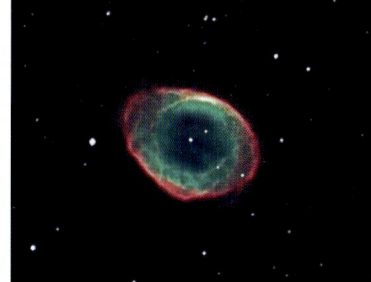

Der Ringnebel M 57 ist die abgestoßene Hülle eines Sterns, der heute als Weißer Zwerg im Zentrum des Nebels sichtbar ist.

11 Die Farben der Sterne

Die Oberflächentemperatur eines Sterns bestimmt, in welcher Farbe der Stern uns erscheinen kann oder, anders gesagt, in welchem Spektralbereich die meiste Energie abgestrahlt wird. Bereits Sonnen mit Oberflächentemperaturen über 10000K (*Kelvin*) strahlen die meiste Energie jedoch in dem für den Menschen nicht wahrnehmbaren *Ultravioletten* und kühle Sterne mit Temperaturen unter 3000K im *Infraroten* ab. So erscheint die Mehrzahl aller Sterne dem bloßen Auge als weißer Lichtpunkt, einige wenige wie z.B. Beteigeuze im Orion oder Antares im Skorpion mit Temperaturen um 3000K nimmt man als orange-rot wahr. Durch ein Teleskop oder Fernglas können wir darüber hinaus auch noch blaue und gelbe Farbtöne erkennen.

Buntes Spektrum

Die physikalischen Eigenschaften eines Sterns werden wesentlich durch Masse, Radius, Leuchtkraft, Temperatur und chemische Zusammensetzung bestimmt. Die Spektren weisen dementsprechend eine große Vielfalt auf und werden nach einem bestimmten System, den *Spektralklassen* mit den Abkürzungen O, B, A, F, G, K, M, geordnet. Um sich die Reihenfolge zu merken, ist folgender Spruch hilfreich: Offenbar benutzen Astronomen furchtbar gerne komische Merksätze. Bestimmte Muster in einem Spektrum, die sog. *Spektrallinien*, dienen als Unterscheidungsmerkmal, in welche Spektralklasse ein bestimmter Stern eingeordnet wird: So zeigen Sterne der Spektralklassen O und B Linien des *Heliums* und des *Wasserstoffs*. Die Stärke der Wasserstofflinien erreicht in der Spektralklasse A ihr Maximum und nimmt dann in den Spektralklassen F bis K wieder ab. Gleichzeitig treten ab

Klasse	Farbe	Temperatur	Sonnenmassen	Beispiel
O	blau	50000K	20	Alnilam (Überriese)
B	blau-weiß	28000K	17	Rigel (Überriese)
A	weiß	9900K	2,6	Wega (Zwerg)
F	weiß-gelb	7400K	1,4	Procyon (Unterriese)
G	gelb	6000K	1	Sonne (Zwerg)
K	orange	4900K	1,5	Arktur (Unterriese)
M	rot-orange	3500K	15	Beteigeuze (Überriese)

der Spektralklasse F Linien anderer Elemente auf, die ab der Spektralklasse K dominieren.

Große und kleine Leuchten

Allein die Spektralklasse ist jedoch nicht ausreichend, um die Sterne einzuordnen. Unter den Sternen gleicher Spektralklasse gibt es auch Riesensterne, die z.B. bei derselben Masse wie ihre kleineren Geschwister den 200fachen Sonnendurchmesser haben können. Deshalb unterscheidet man noch verschiedene *Leuchtkraftklassen*: Zwerge, Unterriesen, Riesen, helle Riesen und Überriesen.

Die Hauptreihe

In einem Diagramm, dessen senkrechte Achse die *absolute Helligkeit* oder die *Leuchtkraft* (Sonne = 1) und dessen waagrechte Achse die Temperatur oder die Spektralklasse

Leuchtkraftklasse	Absolute Helligkeit		
Überriesen	-10^M	bis	-5^M
Helle Riesen	-5^M	bis	$-2,5^M$
Riesen	$-2,5^M$	bis	0^M
Unterriesen	0^M	bis	$2,5^M$
Zwerge	$2,5^M$	bis	15^M

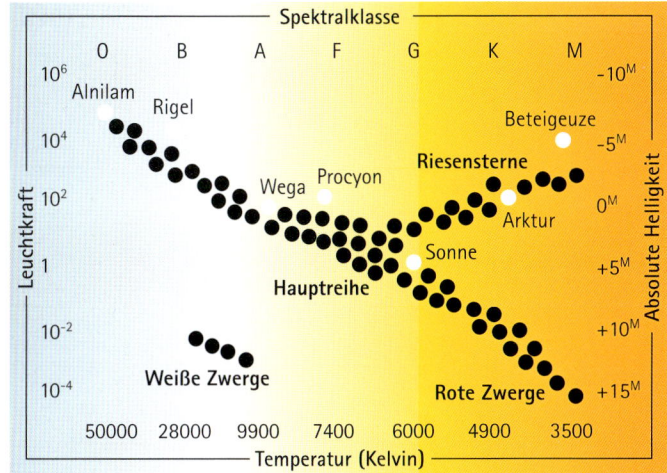

eines Sterns darstellt, erhalten Sie eine markante Verteilung der Sterne. Die allermeisten Sterne befinden sich in einem breiten Band, der sog. *Hauptreihe*, die von links oben nach rechts unten verläuft. Unsere eigene Sonne ist ebenfalls ein Hauptreihenstern. Rechts oben findet man die Riesensterne und links unten die nur noch etwa erdgroßen Weißen Zwergsterne. Diese Darstellung wird nach ihren Entdeckern E. Hertzsprung und H. N. Russell *Hertzsprung-Russel-Diagramm* (HRD) genannt.

Sterne lieben es gesellig

Sterne sind Menschen in einem Punkt ähnlich, sie neigen dazu, sich zu mehreren zusammenzuschließen. Da sie gemeinsam in den ausgedehnten Gaswolken unserer Milchstraße als Gruppen entstehen, wie z.B. die Plejaden, ist dies nicht ungewöhnlich.

Körperliche Anziehung

Gut die Hälfte aller Sterne in der Milchstraße befindet sich in Doppel- oder Mehrfachsternsystemen. Diese Sterne umkreisen einen gemeinsamen Schwerpunkt und verbringen ihre weitere Entwicklung miteinander. Man nennt sie *physische Doppelsterne*. In solchen Systemen werden auch besonders die verschiedenen Farben der Spektralklassen deutlich. Das Doppelsternsystem Albireo im Schwan z.B. steht mit seinem blauen und orangen Sternpaar für einen besonders schönen Farbkontrast. Nicht visuell erkennbare Doppelsterne sind *spektroskopische*, *photometrische* und *astrometrische Doppelsterne*.

Lose Verbindung

Manche Sterne begegnen sich jedoch nur eine begrenzte Zeit und eher zufällig, die *geometrischen Doppelsterne*. Ihre eigene Geschwindigkeit ist zu groß, als dass sie eine stabile Bahn umeinander halten können, so dass sie sich wieder voneinander entfernen. Solch ein geometrischer Doppelstern ist wahrscheinlich Alpha und Proxima Centauri, das nächste Sternsystem von der Sonne aus gesehen.

Scheinehe

Es sind jedoch auch Paare zu finden, die eigentlich nichts miteinander zu tun haben, sondern auf Grund der Perspektive scheinbar dicht am Nachthimmel zusammen stehen: die *optischen Doppelstern*e. Alkor und Mizar in der Deichsel des Großen Wagens zählen nach heutigem Wissensstand dazu.

12 Sterne sind nicht immer gleich

Im August 1596 beobachtete der friesische Pfarrer und Amateurastronom David Fabricius einen ihm bis dahin unbekannten roten Stern im Sternbild Walfisch. 1638 konnte nachgewiesen werden, dass er seine Helligkeit veränderte. Da man bis zu diesem Zeitpunkt davon ausging, dass Sterne konstant hell leuchten, gab man dem Stern im Walfisch den Namen Mira, die Wunderbare. Damit begann die Entdeckung der *veränderlichen Sterne*, Sonnen, die nicht konstant hell leuchten, sondern in ihrer Helligkeit binnen vieler Jahre, Tage oder Stunden beträchtlich schwanken können.

Auf die Perspektive kommt es an

Bei den *Bedeckungsveränderlichen* spielt der Zufall eine große Rolle. Hierbei handelt es sich nämlich um Doppel- oder Mehrfachsternsysteme, deren Bahnebene so liegt, dass von der Erde aus gesehen ein Stern einen anderen während eines Umlaufs bedeckt. So fällt die Helligkeit regelmäßig auf ein Minimum, um danach wieder anzusteigen und wieder abzusinken. Diese Sonnen verändern also nicht Ihre *absolute Helligkeit*. Der bekannteste Vertreter dieser Veränderlichen ist der Stern Algol im Perseus.

Mal größer, mal kleiner

Die *Pulsationsveränderlichen* dagegen ändern wirklich ihre Größe und ihre Oberflächentemperatur und daran gekoppelt ihre Helligkeit. Sie befinden sich in einem ständigen Wandel zwischen Ausdehnung und Kontraktion: Sie pulsieren. Ein besonderer Glücksfall der Gattung sind die *Cepheiden*. Die absolute Helligkeit dieser Sonnen ist streng an ihre Periode gebunden. Ist bekannt, wie schnell ein solcher Stern pulsiert,

Das Sternbild Nördliche Krone verbirgt eine kleine Attraktion: der Veränderliche Stern R Coronae Borealis (R CrB). Normalerweise ist diese Sonne etwa 6^m hell und leuchtet jahrelang konstant, bis plötzlich die Helligkeit um bis zu acht *Größenklassen* absinkt, weil eine vom Stern ausgestoßene Kohlenstoffwolke das Licht absorbiert.

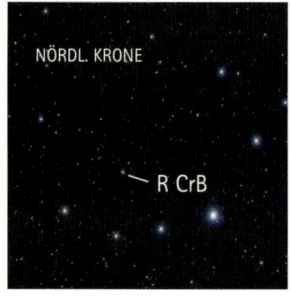

kennt man automatisch seine absolute Helligkeit und zusammen mit seiner *scheinbaren Helligkeit* auch seine Entfernung. Wenn man das Glück hat, Cepheiden in einer anderen Galaxie aufzuspüren, kennt man auch die Entfernung zu diesem Sternsystem, denn die Größe der Galaxie spielt im Vergleich zu den enormen Entfernungen keine Rolle.

Stellare Eier

Doppelsterne, die eine besonders enge Verbindung eingegangen sind und sehr nah umeinander kreisen, können sich derart stark anziehen, dass sie sich verformen und zu stellaren »Eiern« werden. Diese *Rotationsveränderlichen* schwanken in der Helligkeit während ihrer Rotation je nachdem, ob man auf die schmale oder breite Seite blickt. Eine andere Spielart dieser Veränderlichen ist das Auftreten riesiger *Sonnenflecken* (eigentlich Sternflecke) auf einer Seite des Sterns. Die Helligkeitsschwankungen dieser Gruppe von Sternen sind allerdings sehr gering.

Plötzlich da

Die dramatischsten Helligkeitsschwankungen zeigt die Gruppe der *Eruptionsveränderlichen*. Die Leuchtkraft dieser Sterne kann innerhalb weniger Tagen um viele Größenklassen ansteigen. Die Eruptionen sind meist nicht vorhersagbar und folgen keiner genauen Periode. Die bekannteste Art sind die *Novae*, die ursprünglich für das Erscheinen eines neuen Sterns gehalten wurden. Novae entstehen in engen Doppelsternsystemen, bei dem einer der Partner ein *Weißer Zwerg* ist. Vom Begleitstern fließt Materie auf den Weißen Zwerg, bis sich soviel Materie auf seiner Oberfläche angesammelt hat, dass sie dicht und heiß genug ist, damit eine Kernfusion einsetzt. Das angesammelte Material wird dabei zum großen Teil abgestoßen – danach beginnt das Spiel von vorn. Man spricht in diesem Fall von einer wiederkehrenden Nova. Sammelt der Weiße Zwerg jedoch soviel Materie an, dass er eine bestimmte Masse überschreitet, kommt es zu einer *Supernova*explosion. Auch Sterne mit mehr als etwa 8 Sonnenmassen enden in einer solchen Explosion. Die dabei erzeugte Energie ist so gigantisch, dass der Stern bis zum milliardenfachen seiner ursprünglichen Leuchtkraft zulegen kann – als ob ein neuer Stern am Himmel strahlen würde. Danach nimmt die Helligkeit wieder langsam ab.

Tipp: Gönnen Sie sich im Herbst ein »teuflisches« Vergnügen und beobachten den seit langem bekannten Bedeckungsveränderlichen Algol, auch Teufelsstern genannt. Sie finden diesen Stern im Sternbild Perseus, nahe der Kassiopeia. Algols Helligkeit verringert sich regelmäßig von $2^m{,}1$ auf $3^m{,}4$ – und zwar genau alle 68h 48min und 56s immer dann, wenn sein schwächerer Begleiter vor der Sternscheibe Algols vorrüberzieht. In einem astronomischen *Jahrbuch* können Sie die kommenden Minima und Maxima nachlesen.

Im Fernglas ist der Helligkeitsverlauf Algos leicht zu verfolgen. Ein guter Vergleichsstern ist Gorgonae Tertia, Rho Persei, ein wenig südlich des Teufelssterns. Diese Sonne leuchtet mit $3^m{,}4$ etwa so hell wie Algol während des Minimums. Stellen Sie dazu Ihren Feldstecher leicht unscharf. Die kleine Sternscheibchen, die dabei entstehen, sind in der Helligkeit besser vergleichbar.

13 Haufenweise Sterne

Sterne sind in ihren jungen Jahren sehr »gesellige Wesen«. Sie entstehen in Gemeinschaften, die mehr oder weniger stark zusammenhängen und ganz unterschiedliche Entwicklungen durchlaufen: den Sternhaufen.

Offene Beziehung

Die Mitglieder eines *Offenen Sternhaufens* entstehen gemeinsam aus derselben Gaswolke. Diese besitzt so viel Masse, dass sie sich nicht zu einem einzelnen Stern zusammenballen kann. So können sich während des Kollapses der Gaswolke bis zu mehrere tausend einzelne Verdichtungen bilden, aus denen sich Sterne entwickeln. Dies geschieht innerhalb unserer Galaxis auch heute noch und sorgt für einen stetigen Nachschub an jungen Sonnen. Etwa 1000 Offene Sternhaufen sind bis heute bekannt, die tatsächliche Anzahl wird jedoch wesentlich höher geschätzt. Da diese *Deep-Sky-Objekte* ausschließlich in der Scheibe der Milchstraße zu finden sind, werden sie auch galaktische Sternhaufen genannt.

Lose Bindung

Offene Sternhaufen werden nicht alt, denn die einzelnen Sterne sind gewissermaßen Nestflüchter. Je nach Anzahl der Sterne und Durchmesser des Haufens wird die Gruppe unterschiedlich stark durch ihre Schwerkraft zusammengehalten. Die meisten Offenen Sternhaufen lösen sich durch gegenseitige Störungen ihrer Mitglieder schon nach einigen Millionen Jahren auf, einige wenige sehr sternreiche schaffen mehrere 100 Millionen Jahre. Die einzelnen noch jungen Sonnen driften mit der Zeit immer weiter auseinander, behalten aber ungefähr eine

Die Mitglieder des Offenen Sternhaufens M 11 im Sternbild Schild werden auf insgesamt 2900 Sonnen geschätzt. M 11 gilt damit als einer der sternreichsten und dichtesten galaktischen Sternhaufen der Milchstraße.

gemeinsame Reiserichtung innerhalb der Milchstraße bei. Gruppen von Sternen mit gleicher Bewegungsrichtung, die am Himmel jedoch so weit auseinander stehen, dass eine Zusammengehörigkeit nicht sofort erkennbar ist, nennt man *Bewegungshaufen*. *Sternassoziationen* hingegen sind Gruppen von 100 bis 1000 Sonnen mit ähnlichen physikalischen Eigenschaften, die sich über ein größeres Raumgebiet verteilen und deshalb nicht so dicht wie Offene Sternhaufen sind.

Die Hyaden im Sternbild Stier bewegen sich gemeinsam auf einen Punkt nahe bei Beteigeuze im Orion zu. Sie bilden zusammen mit den Plejaden einen Bewegungshaufen, den Taurus-Sternstrom. Da die Hyaden nur 150 Lichtjahre von uns entfernt sind, erscheinen sie so groß, dass sie als Sternhaufen gar nicht mehr wahrzunehmen sind.

Der Kugelsternhaufen M 53 zieht derzeit in etwa 61000 Lichtjahren Entfernung seine Bahn im Halo der Milchstraße. Für eine Umrundung benötigt er eine Milliarde Jahre, die größte Entfernung die er auf dieser Rundreise erreicht beträgt 100000 Lichtjahre.

Enge Gemeinschaft

Im Gegensatz zu den Offenen Sternhaufen sind in *Kugelsternhaufen* die Sterne viel dichter gepackt. Die Anzahl der Sterne innerhalb eines solchen Haufens beträgt oft mehrere hunderttausend. Auf einem Planeten innerhalb eines Kugelsternhaufens wäre der Himmel wohl mit tausenden von Sonnen erleuchtet, die heller strahlten als Sirius, der hellste Stern am Nachthimmel. Die Kugelsternhaufen sind die ältesten Mitglieder unserer Milchstraße. Viele dieser Exemplare haben ein Alter um die 10 Milliarden Jahre. Neue Sterne entstehen in diesen Haufen nicht mehr.

Wanderburschen

Alle Kugelsternhaufen befinden sich auf Wanderschaft und verteilen sich in einem kugelförmigen Raum um die Milchstraße, dem *Halo*. Ihre größte Konzentration ist in der Nähe des galaktischen Zentrums, welches sie auf teilweise sehr exzentrischen Bahnen umkreisen. Sie befinden sich also meistens nicht wie die Offenen Sternhaufen innerhalb der galaktischen Scheibe, sondern durchqueren diese während ihrer Rundreise durch die Milchstraße. Etwa 150 sind derzeit bekannt, einige schöne Exemplare befinden sich in den Sternbildern Schlangenträger, Skorpion und Schütze.

27

14 Wie weit entfernt ist die Andromedagalaxie?

- Lichtjahr = 9,5 Billionen Kilometer
- Lichtstunde = 1,1 Milliarden Kilometer
- Lichtminute = 18 Millionen Kilometer
- Lichtsekunde = 300000 Kilometer

Alternativ wird die Entfernungseinheit Parsec gebraucht:
- 1 Parsec = etwa 3,3 Lichtjahre
- 1 Megaparsec = etwa 3,3 Millionen Lichtjahre

Unsere Vorfahren sahen den nächtlichen Himmel als umgestülpte Halbkugel, an deren Innenseite die Sterne befestigt sind: das Himmelsgewölbe. Dieses Bild können wir auch heute noch bei jedem Blick auf das Firmament leicht nachvollziehen. Aber in Wirklichkeit befinden sich die Sterne und *Deep-Sky-Objekte* in unterschiedlichen Entfernungen zur Erde und genau betrachtet können wir sie noch nicht einmal »gleichzeitig« sehen. Unsere Sinne sind nicht dafür geschaffen, den Himmel in seinen wahren Dimensionen zu erfassen.

Tempolimit 300000

Dass wir ein Gestirn sehen können, liegt daran, dass es Licht aussendet oder zumindest, wie im Fall der Planeten, Licht reflektiert, welches schließlich auf die Netzhaut unserer Augen trifft. Das Licht bewegt sich dabei mit der gigantischen Geschwindigkeit von etwa 300000 Kilometern in der Sekunde. Diese *Lichtgeschwindigkeit* ist die höchste Geschwindigkeit, die überhaupt möglich ist. Physikalisch begründet wird dies in Einsteins spezieller Relativitätstheorie. Die Strecke, die das Licht innerhalb eines Jahres zurücklegt, wird als *Lichtjahr* bezeichnet und ist die gebräuchliche Maßeinheit für astronomische Entfernungen.

Altes Licht

Da das Licht sich zwar sehr schnell, aber dennoch mit endlicher Geschwindigkeit ausbreitet, benötigt es Zeit, um uns zu erreichen. Und das ist der eigentliche Clou, denn somit können wir quasi in die Vergangenheit schauen: Das Objekt, welches wir beobachten, erscheint uns so, wie es aussah, als es sein Licht aussandte. Die Entfernung entspricht seiner »Zeitdistanz«. Zum Beispiel benötigt das Licht unserer Sonne für die Strecke von 150 Millionen Kilometern etwa 8 Minuten bis zur Erde – also sehen wir die Sonne, wie sie vor 8 Minuten aussah. Vom durchschnittlich 1,3 Milliarden Kilometer entfernten Saturn ist das Licht über eine Stunde unterwegs und das Bild vom nächsten Stern, Alpha Centauri, ist schon gut 4 Jahre »alt«, wenn es die Erde erreicht.

Astroarchäologie

Noch größere Entfernungen sind einfacher zu begreifen, wenn man sich vorstellt, was auf der Erde geschah, als das Licht auf die Reise ging. Der Ringnebel M 57 im Sternbild Leier zum Beispiel ist ca. 2300 Lichtjahre entfernt, sein Licht stammt also aus der Zeit vor der Geburt Christi. Das Licht von M 13, der in ca. 25000 Lichtjahren Distanz zu finden ist, hat seinen Ursprung in der Jüngeren Altsteinzeit, als der Homo Sapiens Europa besiedelte. Bis zur nächsten, unserer Milchstraße ähnlichen Galaxie ist die Zeitverzögerung schon gewaltig:

die Andromedagalaxie M 31. Etwa zu dieser Epoche begannen die Polregionen der Erde nach einer Warmzeit wieder zu vereisen und markierten den Beginn des jüngsten Eiszeitalters. Ein weiteres Highlight am Nachthimmel lässt sich mit der Erdgeschichte verknüpfen: der Virgo-Galaxienhaufen. Wenn Sie diese Galaxien erblicken, erreicht Sie Licht, das vor 50–60 Millionen Jahren ausgesandt wurde als die Alpen begannen sich aus dem Meer zu erheben. Das älteste Licht, das heute mit Großteleskopen eingefangen werden kann, sprengt sogar den Rahmen der Erdgeschichte, denn es stammt von Galaxien in 13 Milliarden Lichtjahren Entfernung, also aus einer Zeit kurz nach der Entstehung des Universums.

Wenn Sie den kleinen verwaschenen Fleck der Andromedagalaxie M 31 sehen, erreicht das Licht Ihr Auge in Form von einzelnen Photonen, die 2,5 Millionen Jahre unterwegs waren! Vielleicht wird mit dieser Vorstellung im Hinterkopf die nächste Beobachtung entfernter Galaxien und Nebel noch spannender.

15 Weshalb sehen wir die Milchstraße?

Der Anblick der Milchstraße ist eines der größten Wunder, das uns die Natur bietet. In einer klaren mondlosen Sommernacht, fernab vom störenden Licht der Städte, überspannt ihr mattes Leuchten das gesamte Firmament. Bei genauerem Hinsehen werden dunkle Bereiche im Wechsel mit hellen Verdichtungen sichtbar, die sich in große wolkenartige Strukturen und kleine schwach leuchtende Flecken gliedern. Alleine die Beobachtung mit dem bloßen Auge bleibt stundenlang spannend.

Kosmische Heimat

Was wir dort am Himmel finden, ist in kosmischem Maßstab gesehen unsere Heimat, die *Galaxis*: eine Ansammlung von mehreren 100 Milliarden Sternen, die gemeinsam ein Zentrum umkreisen. Von außen gesehen gleicht sie einer vier- oder fünfarmigen Spirale mit 100000 Lichtjahren Ausdehnung und einer Dicke von 3000 Lichtjahren. Der zentrale Bereich der Scheibe, der *Bulge*, ist ausgebaucht und erreicht eine Dicke von 16000 Lichtjahren. Eingehüllt wird unsere Milchstraße – einer Atmosphäre gleich – von einem 165000 Lichtjahren großen kugelförmigen *Halo*. Die Proportionen sind in etwa mit einer CD vergleichbar, in deren Loch als zentrale Ausbuchtung eine Murmel stecken würde. Unsere direkte Heimat, das Sonnensystem, befindet sich in einem der Spiralarme in etwa 26000 Lichtjahren Entfernung zum Zentrum, ungefähr 45 Lichtjahre oberhalb der Ebene. Das Alter dieses fantastischen Gebildes wird auf rund 13 Milliarden Jahre geschätzt und es ist damit nur wenig jünger als das *Universum*.

Nur die Nachbarschaft

Mit dem bloßen Auge überblicken wir lediglich einen winzigen Teil unserer Milchstraße, denn je nach Leuchtkraft der Sterne dringt ihr Licht nur noch aus Entfernungen von wenigen Lichtjahren bis zu einigen tausend Lichtjahren zu uns. Unter einem dunklen Himmel beträgt ihre Anzahl rund 6000 – sie bilden damit den vertrauten Himmel mit seinen Sternbildern. Die übrigen Sterne unserer Galaxis erscheinen zu schwach, als dass sie mit dem bloßen Auge einzeln wahrgenommen werden könnten. Erst im Teleskop wird die wahre Natur der Milchstraße als riesige Ansammlung einzelner Sterne erkennbar.

Dicht an dicht

Dort, wo wir gerade in die Ebene unserer scheibenförmigen Galaxis blicken, stehen die Sterne dicht an dicht am Himmel. Ihr gemeinsames Licht erscheint uns als flächiges Leuchten, welches wir als das Band der Milchstraße bewundern können. Besonders in Richtung des Sternbilds Schütze wird dieses Band immer heller und auch breiter. Dort liegt das Zentrum unserer

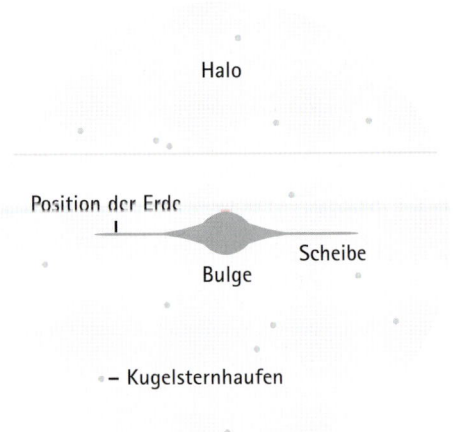

Die Milchstraße im Bereich des Sternbilds Schütze. Deutlich sichtbar sind helle Sternwolken, Dunkelwolken und rötlich leuchtender Wasserstoff der Gasnebel.

Beobachtungstipp: In unseren Breiten ist die Sommermilchstraße besonders gut in den Neumondnächten der Monate Juli und August sichtbar. Dann steigt auch die an Gasnebeln und Sternhaufen reiche Region um das Sternbild Schütze über den Horizont. In einem Fernglas werden dort etliche dieser Deep-Sky-Objekte sichtbar. Ein weiteres ergiebiges Beobachtungsfeld finden Sie im Sternbild Schwan. Hier ist die Milchstraße von einer mächtigen Dunkelwolke geteilt, die den Blick auf dahinter liegende Sterne verwehrt. Falls Sie in der Stadt oder in Stadtnähe wohnen, müssen Sie für einen ungetrübten Genuss allerdings meist eine Autofahrt von einer halben bis zu einer Stunde unternehmen, um die Lichtglocken der Siedlungs- und Industriegebiete hinter sich zu lassen.

Galaxis mit der größten Sterndichte. Von innen heraus gesehen gleicht unsere Milchstraße also in etwa einer Galaxie, bei der wir von außen gesehen genau auf die Kante blicken.

Mehr als Sterne

Die für uns sichtbaren *Deep-Sky-Objekte* wie Sternhaufen und Gasnebel sind allesamt Bestandteile unserer Milchstraße. Eine Besonderheit stellen die etwa 150 bekannten Kugelsternhaufen dar, die nicht alleine in der galaktische Scheibe zu finden sind, sondern ebenfalls den galaktischen Halo bevölkern und das Milchstraßenzentrum umkreisen. Nicht zu den Objekten der Milchstraße gehören jedoch die weit entfernt im Weltall liegenden *Galaxien*, die eigene Weltinseln darstellen. Sie werden manchmal auch etwas irreführend als »Nebel« bezeichnet.

16 Sind alle Galaxien gleich?

Auf lang belichteten Astrofotografien erscheinen *Galaxien* in sehr unterschiedlichen Formen: mehr oder weniger lang gezogene Ovale, große kreisförmige Scheiben, zum Teil durch Spiralen strukturiert, dünne Striche und unregelmäßige »Nebel«. Diese Formen entstehen einerseits wegen der Perspektive, aus denen wir die Galaxien sehen können und andererseits auf Grund der tatsächlichen Gestalt.

Die Klassen

Auf Grund ihrer Morphologie werden Galaxien in verschiedene Klassen eingeteilt. Die *Hubble-Klassifikation* – benannt nach dem amerikanischen Astronomen Edwin Hubble – wurde zwar schon 1936 entwickelt, ist aber heute noch in erweiterter Form in Gebrauch. Die »klassischen« Formen sind dabei elliptische Galaxien, Spiralgalaxien und Balkenspiralgalaxien.

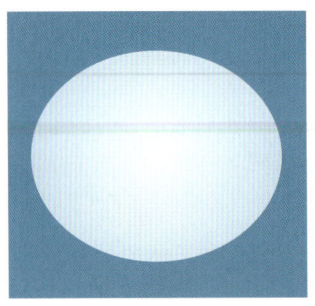

Die Ellipsen (E)

Die meisten uns bekannten Galaxien zählen zur Klasse der elliptischen. Diese Galaxien zeigen in der Regel keine Strukturen, einen nach außen hin gleichmäßig schwächer werdenden, haloförmigen Galaxienkörper und ein helleres Zentrum. Die Sterne in solchen Galaxien sind sehr alt und neue Sterne entstehen kaum mehr. Man könnte solche Galaxien auch als »tot« bezeichnen. Unter den elliptische Galaxien gibt es unge-

wöhnlich große Riesengalaxien, wie M 87 im Zentrum des Virgo-Galaxienhaufens. Man nimmt an, dass diese im Laufe der Zeit aus der Vereinigung einer oder mehrerer kleiner Galaxien entstanden sind. Das Größenspektrum dieser Galaxienklasse ist sehr groß, so gibt es z.B. auch sehr kleine elliptische Zwerggalaxien.

Die Linsen (SO)

Die linsenförmigen Galaxien stellen mit ihrer Form ein Bindeglied zwischen den elliptischen Galaxien und den Spiral- bzw. Balkenspiralgalaxien dar. Sie zeigen eine Galaxienscheibe und einen deutlich ausgeprägten Halo, es fehlen jedoch die Spiralarme oder diese sind nur ansatzweise vorhanden.

Die Spiralen (S)

Charakteristisch für diese Galaxienklasse sind die mehr oder weniger stark ausgeprägten Spiralarme, eingebettet in eine Galaxienscheibe und die zentrale Verdickung, den Bulge. Die Spiralarme werden von einem Bestand junger Sterne geprägt, deren hellste Vertreter auf Fotografien einen bläulichen Farbton zeigen. Sie beinhalten auch aktive Sternentstehungsgebiete, die sich durch rötlich leuchtenden Wasserstoff verraten, die sog. *HII-Regionen*. Die Sternentstehung ist in diesen Galaxien also noch in vollem

Gange. Auf lang belichteten Aufnahmen von M 33, der Triangulumgalaxie im Sternbild Dreieck, sind diese Gebiete gut sichtbar.

Die Balkenspiralen (SB)

Das Zentrum der Balkenspiralgalaxien ist einem Balken gleich länglich auseinander gezogen, an den sich die Spiralarme direkt anschließen. Neben den Sternentstehungsgebieten in den Spiralarmen ist hier besonders der Balkenbereich des Kerns ein aktives Sternentstehungsgebiet.

Die Unregelmäßigen

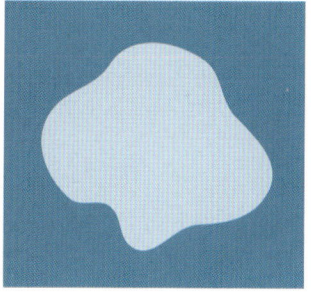

Auf etwa 3% aller Galaxien trifft die Hubble-Klassifikation nicht zu. Sie sind unregelmäßig geformt, weder elliptisch, noch besitzen sie Spiralarme oder einen ausgeprägten Kern. Diese irregulären Galaxien sind meist sehr klein und leuchtschwach, Zwerggalaxien fallen deshalb oft in diese Gruppierung. Die direkte Nachbarschaft der Milchstraße bilden zwei irreguläre Galaxien – die Große und die Kleine Magellansche Wolke.

Die Aktiven

Die *aktiven Galaxien* stellen keine eigene Galaxienklasse dar, sondern zeichnen sich durch ein besonders helles Kerngebiet aus. Dort wird von einer etwa sonnensystemgroßen Region Strahlung freigesetzt, die der Leistung von bis zu 100 Milliarden Sonnen entspricht! Ein erheblicher Teil wird als Röntgenstrahlung und Radiowellen ausgesendet. Berechnungen und genaue Beobachtungen lassen den Schluss zu, dass sich im Zentrum dieser Galaxien ein sehr massereiches aktives *Schwarzes Loch* befindet, das stetig mit neuer Materie »gefüttert« wird, welche beim Fall in das Schwarze Loch einen Teil ihrer Bewegungsenergie als Strahlung abgibt. Die *Quasare* (quasistellare Radioquellen) gehören innerhalb der aktiven Galaxien zu den leuchtstärksten Objekten. Auf Grund ihrer ungeheuren Entfernungen von teilweise über 10 Milliarden Lichtjahren werden die Quasare nur noch als punktförmige (»quasistellare«) Lichtquellen wahrgenommen. Mehr oder weniger massereiche Schwarze Löcher im Zentrum von Galaxien scheinen im Universum der Normalfall zu sein. Wenn sie jedoch keinen stetigen Nachschub an Materie erhalten, sind sie passiv und relativ unscheinbar - wie auch das Schwarze Loch im Zentrum unserer Milchstraße.

17 Wie entstand das Universum?

Mit diesem spannenden Thema beschäftigt sich die *Kosmologie*, die Lehre der Welt. Die Suche nach der Herkunft und der Entwicklung des *Universums* ist allerdings nicht nur eine Disziplin der Physik, sondern sie ist ebenfalls ein Teil der Philosophie. Das Begreifen des Universums ist eng mit der Frage nach unserer Herkunft verknüpft: Woher kommen wir? Wer sind wir? Wohin gehen wir?

Gut gebrüllt Löwe

Die heute allgemein anerkannte Vorstellung der Entstehung des Universums ist die Theorie des *Urknalls*, dem »Big Bang«. Sie beschreibt, dass unser Universum nicht schon ewig besteht, sondern zu einem bestimmten Zeitpunkt in der Vergangenheit in einem einzigen Punkt seinen Anfang nahm, und zwar explosionsartig. Dieser Ausbruch ist nicht mit einer Explosion, wie wir sie auf der Erde kennen, vergleichbar, denn Raum und Zeit entstanden erst mit dem Urknall! Das geschah nach den heutigen Berechnungen vor 13,7 Milliarden Jahren. Nach und nach entwickelten sich die Bausteine der Atome, die ersten Elemente, daraus die ersten Sterne und schließlich die etwa 100 Milliarden Galaxien, die wir heute überblicken, mit all ihren Bestandteilen – und natürlich auch allen, die wir nicht beobachten können.

Keine Platzprobleme

Seit dem Urknall dehnt sich das Universum kontinuierlich aus. Aber nicht die *Galaxienhaufen* werden durch die »Urexplosion« auseinander getrieben, sondern der Raum zwischen ihnen selbst wird stetig größer, das Universum »wächst« und schafft sich seinen eigenen Platz.

Die Aufnahme zeigt nur einen winzigen Ausschnitt des Himmels, auf dem kaum mehr Sterne sichtbar sind. Sie sehen praktisch zwischen den Sternen aus der Milchstraße hinaus. Stattdessen ist fast jeder Lichtfleck eine eigene Galaxie.

Nichts ist ewig

Wäre das Universum unendlich groß, unendlich alt, statisch und im großen Maßstab homogen, würden auch unendlich viele Sterne an jedem Punkt des Himmels stehen. Der Himmel wäre dann so hell wie die Sonne. Dieses Paradoxon machte der deutsche Astronom Wilhelm Olbers bekannt. Es stammt aus einer Zeit, in der das Universum als ewig und unendlich aufgefasste wurde. In einem Universum unserer heutigen Vorstellung dagegen, das vor einer bestimmten Zeit entstand und sich ausdehnt, hat uns das Licht weit entfernter Sterne noch gar nicht erreicht, die in ihrer Gesamtheit den Himmel aufhellen könnten.

Hintergründige Strahlung

Den »Blitz« des Urknalls können wir auch heute noch sehen, allerdings nicht als helles Licht, sondern als für unsere Augen unsichtbare, schwache elektromagnetische Strahlung, die aus allen Himmelsrichtungen messbar ist. Es ist allerdings nicht das direkte Licht vom Urknall, denn das Universum war zunächst so heiß und dicht, dass es wie eine Nebelwand für Licht undurchsichtig war. Erst nach etwa 380000 Jahren hatte es sich soweit verdünnt, dass sich Licht ungehindert ausbreiten konnte. Diese ehemals energiereiche Strahlung des noch jungen Universums hat auf ihrer langen Reise selbstverständlich auch die Expansion des Raums erfahren. Mit dem Raum wurden auch die Lichtwellen stark gedehnt, so dass wir heute eine energiearme *Mikrowellenstrahlung* beobachten, die nur noch einer Temperatur von knapp 3 Kelvin entspricht. Genau eine solche Strahlung wurde 1965 gefunden: die 3-Kelvin-Hintergrund-Strahlung.

Kosmisches Schaumbad

Das Universum besteht zum größten Teil aus »leerem« Raum. Nicht nur zwischen den Planeten, Monden und Kometen im Sonnensystem herrscht »gähnende Leere«, auch zwischen den Sternen und zwischen den Galaxien breiten sich endlose leere Weiten aus. Trotz der ernormen Distanzen von vielen Millionen Lichtjahren schließen sich die Galaxien zu größeren Verbänden zusammen, den Galaxiengruppen und *Galaxienhaufen*, die durch ihre Schwerkraft zusammengehalten werden. Zum

Beispiel besteht unsere eigene lokale Galaxiengruppe neben unserer Milchstraße unter anderem aus der Großen und Kleinen Magellanschen Wolke sowie der Andromedagalaxie M 31. Die Galaxiengruppen und –haufen schließen sich wiederum zu noch größeren Gemeinschaften zusammen: den *Superhaufen*. Diese sind nicht gleichmäßig im Universum verteilt, sondern bilden kettenartige Strukturen, so genannte *Filamente*, die zu einem dreidimensionalen Netz verwoben sind. Man kann sich diese Struktur, die das gesamte Universum durchzieht, auch wie einen Schaum vorstellen, wobei das Geflecht der Galaxienhaufen die Wände der Bläschen bildet. Die Hohlräume der Bläschen haben dabei in der Realität Ausmaße von einigen hundert Millionen Lichtjahren – ein wirklich kosmisches Schaumbad.

Einsame Zukunft?

Wenn das Universum einen Anfang hatte, könnte es auch ein Ende haben. In der Vergangenheit wurden vor allem zwei Alternativen diskutiert: ein offenes, unendlich großes Universum, das sich zwar abbremst, aber stetig und in alle Zeit weiter ausdehnt, und ein geschlossenes, endlich großes Universum, dessen Ausdehnung an einem bestimmten Zeitpunkt zum Stillstand kommt, und dann wieder in sich zusammenfällt, um sich möglicherweise in einem weiteren Urknall erneut zu erschaffen. Überraschenderweise haben aktuelle Messungen aber gezeigt, dass beide Alternativen nicht zutreffen: Denn die Ausdehnung des Universums beschleunigt sich stattdessen sogar. Damit werden sich die Galaxienhaufen immer weiter und immer schneller von einander entfernen und schließlich, wenn alle Sterne erloschen sind, als einsame, dunkle Weltinseln durchs Universum treiben... Was aber die Ursache der beschleunigten Expansion angeht, so herrscht noch Erklärungsbedarf. Derweil gibt es nur einen Namen dafür: die *Dunkle Energie*.

18 Gibt es noch eine andere Erde?

Wenn man erkennt, dass die Erde nur ein kleiner Himmelskörper ist, der einen recht durchschnittlichen Stern umkreist, von dem es wiederum Millionen ähnliche alleine in der Milchstraße gibt, ist es nur natürlich anzunehmen, dass es mehr Planeten geben könnte, auf denen sich einfache Lebensformen oder sogar intelligentes außerirdisches Leben entwickelt hat.

Vor der eigenen Haustür

Weit ist man mit der Suche bis heute allerdings noch nicht gekommen, denn selbst vor unserer eigenen Haustür, im Sonnensystem, ist noch kein sicherer Beweis für Leben außerhalb der Erde gefunden worden. In der *exobiologischen* Forschung wird diskutiert, dass auf den Planeten Venus und Mars, auf den Jupitermonden Europa und Io und auf dem Saturnmond Titan einfaches einzelliges Leben existieren könnte oder existiert hat. Die anderen Planeten des Sonnensystems sind dafür entweder zu heiß, zu kalt oder zu unbeständig.

Nummer 1 und 2

Seit 1992 ist aber sicher, dass wenigstens Planeten jenseits unseres Sonnensystems entstanden sind, denn in diesem Jahr wurden die beiden ersten *Exoplaneten* entdeckt. Allerdings haben diese Himmelskörper nicht viel mit der Erde gemeinsam. Sie umkreisen einen 2600 Lichtjahre entfernten *Pulsar* im Sternbild Jungfrau und auf Grund der extremen Eigenschaften ihres Zentralgestirns ist Leben dort nicht möglich.

Nummer 3 bis 241

Nur wenige Jahre danach, 1995, wurde der erste Exoplanet in einem Orbit um einen sonnenähnlichen Stern gefunden. Bis zum Juni 2007 erhöhte sich diese Zahl auf stattliche 241 Exemplare. Allerdings sind diese Planeten in der Regel sehr groß und mit den *Gasriesen* unseres Sonnensystems vergleichbar. Tatsächlich übertreffen sie sogar oftmals die Masse des Jupiters um ein Vielfaches und kreisen sehr nahe um ihre Sonnen, so dass diese Planeten ebenfalls keine guten Kandidaten für außerirdisches Leben sind.

Ein aktuelle Liste der Exoplaneten finden Sie im Internet bei:

■ exoplanet.eu

Die Drake-Gleichung beschreibt die mögliche Anzahl technischer Zivilisationen in unserer Milchstraße:

Anzahl der Zivilisationen = $R^* \cdot f_p \cdot n_e \cdot f_l \cdot f_i \cdot f_c \cdot L$

Die einzelnen Variablen der Gleichung sind folgendermaßen beschrieben:

R^* = Sternentstehungsrate in unserer Galaxis pro Jahr
f_p = Anteil der Sterne mit Planetensystem
n_e = Anzahl der Planeten in der »bewohnbaren Zone«, die Leben ermöglicht
f_l = Planeten mit Leben
f_i = Planeten mit intelligentem Leben
f_c = Anzahl der Zivilisationen, die interstellar kommunizieren
L = Lebensdauer einer Zivilisation

Zu klein

Ein Glückstreffer wäre natürlich das Aufspüren eines Planeten, der etwa Erdgröße hätte und der in einem solchen Abstand einen wohlmöglich sonnenähnlichen Stern umkreist, dass auf seiner Oberfläche Temperaturen herrschen, die Wasser in flüssiger Form vorkommen lassen – was aus unserer Sicht eine Voraussetzung für Leben darstellt. Leider sind diese Himmelskörper zu lichtschwach und zu massearm, um direkt nachgewiesen zu werden. Nur in dem Fall, dass wir von der Erde aus zufällig auf die Kante der Umlaufbahn sehen und der Planet vor der Scheibe seiner Sonne durchläuft, wäre eine Entdeckung möglich.

ET oder nicht ET?

Unabhängig von der Entdeckung erdähnlicher Planeten bleibt die Frage spannend, ob weiteres intelligentes Leben im Universum existiert. Eine Abschätzung der Anzahl technischer Zivilisationen entwickelte der amerikanische Astronom Frank Drake 1961 mit seiner berühmten Drake-Gleichung. Da einige Variablen dieser Formel nur schwer eingeschätzt werden können, schwanken die Ergebnisse allerdings zwischen einer einzigen und mehreren Millionen Zivilisationen in unserer Milchstraße.

Wenn Sie Pollux im Sternbild Zwillinge erblicken, sehen Sie einen Stern, der von einem Planeten mit der dreifachen Jupitermasse umkreist wird. Die Frage, ob wir alleine im Universum sind, ist allerdings mit unserem heutigen Wissensstand nicht zu beantworten und wird sich vielleicht nie mit Sicherheit beantworten lassen. Die Chancen, nicht die einzigen zu sein, stehen allerdings nicht schlecht, denn allein die Milchstraße beheimatet mehrere Milliarden Sterne, von denen etliche unserer Sonne ähnlich sind. Ganz zu schweigen von den etwa 100 Milliarden Galaxien im Universum, die wir heute überblicken und von denen viele unserer eigenen Galaxis gleichen.

19 Kann man mit dem Fernglas astronomisch beobachten?

Das Fernglas ist ein wunderbares Beobachtungsinstrument für die ersten »Gehversuche« am Himmel. Durch das große Gesichtsfeld sind astronomische Objekte leicht aufzufinden und ein sicheres Gefühl für deren Position schnell erlernbar. Ein Fernglas ist klein, leicht und schnell einsatzbereit. Im Auto platziert bietet sich immer die Möglichkeit auf eine unverhoffte Beobachtung unterwegs.

Was kann man mit dem Fernglas sehen?

Die Vergrößerung eines typischen Fernglases reicht zwar in der Regel nicht aus, um damit Einzelheiten auf Planeten unseres Sonnensystems zu erkennen oder Kugelsternhaufen in einzelne Sterne aufzulösen, doch werden viele spannende *Deep-Sky-Objekte* wie Galaxien, Nebel, Sternhaufen, Doppelsterne, aber auch Asteroiden oder Kometen sichtbar. Auf dem Mond lassen sich sogar mit einer niedrigen Vergrößerung Krater und Gebirge erkennen. Ebenfalls sind die hellsten vier Monde Jupiters und deren Umlauf leicht zu verfolgen.

Gerade oder Zick-Zack

Ferngläser werden in zwei verschiedenen Bauarten hergestellt: mit *Porro-Prismen* und mit *Dachkant-Prismen*. Dachkant-Prismen-Modelle besitzen eine gerade Bauweise und sind H-förmig, die Modelle mit Porro-Prismen dagegen haben eine typische Zick-Zack-Form. Zum Einstieg sind Ferngläser mit Porro-Prismen ideal, da diese in einer guten Qualität deutlich günstiger als Dachkant-Prismen-Modelle sind.

Links: Dachkant-Prismen-Fernglas mit geraden Tuben und H-Form
Rechts: Porro-Prismen-Fernglas in Zick-Zack-Form

Zahlenspiele

Auf einem Fernglas finden Sie Angaben zu Vergrößerung und Objektivdurchmesser als Zahlenkombinationen, z.B. 10×50. Die erste Zahl steht dabei für die Vergrößerung und die zweite für den Durchmesser der Objektivlinsen an der Vorderseite in Millimetern. Meistens ist noch ein weiteres Zahlenpaar wie z.B. 114/1000m zu finden, welches den Bereich angibt, der im Fernglas überblickbar ist. In diesem Fall wäre dies ein Feld von 114m in 1000m Entfernung. Möchten Sie zusätzlich den Bereich in Grad wissen, der mit dem Fernglas am Himmel überschaubar ist, teilen Sie das Gesichtsfeld auf 1000m durch den festen Faktor 17,5 – hier also 114m : 17,5 = 6,5°. Auf einigen modernen Gläsern ist dieses *wahre Gesichtsfeld* ebenfalls angegeben.

Wie viel Öffnung muss sein?

Ferngläser sind in unterschiedlichen Öffnungen erhältlich: kleinste Modelle mit 21mm Öffnung bis hin zu Giganten, deren Frontob-

Achten Sie auf eine leicht bläulich, grünlich oder rötlich schimmernde Vergütung der Frontlinsen. Stark dunkelrote oder orangefarbige Linsen sind nicht für die Astronomie geeignet.

Halten Sie das Fernglas in 40cm Abstand gegen eine helle Fläche. Die als helle Scheiben sichtbar werdenden *Austrittspupillen* (AP), sollen gleichmäßig hell, kreisrund und ohne Ecken sein

> **Tipps für den Fernglaskauf**
>
> Handhabung: angenehmes Gewicht, das Fernglas soll gut in der Hand liegen
>
> Mechanik: leichtgängige Einstellung der Fokussierung und des Augenabstands, ausreichender Dioptrienausgleich
>
> Vergütung: leicht bläulich, grünlich oder rötlich schimmernde Frontlinsen, wenige blasse Reflexe der Frontlinsen bei hellen Lichtquellen
>
> Prismen: kreisrunde, gleichmäßig helle Austrittspupillen
>
> Okulare: großes und leicht überschaubares Gesichtsfeld – auch mit Brille
>
> Optik: entspanntes Gefühl beim Durchblick, großes Gesichtsfeld ohne Tunnelblick, scharfe Abbildung auch am Rand des Gesichtsfelds, geringe Farbsäume an kontrastreichen Objekten, keine Doppelbilder

jektive 150mm Durchmesser haben. Für den Beginn sind allerdings 50mm Öffnung ausreichend. Diese Gläser bieten ausreichend Beobachtungsobjekte für eine längere Zeit und sind vom Gewicht her noch gut zu halten. Sie bieten üblicherweise eine 7fache oder eine 10fache Vergrößerung.

Einzeln oder zentral?

Ferngläser sind entweder mit einer Zentralfokussierung (Mitteltrieb) oder einer Einzelokulareinstellung ausgestattet. Verwenden Sie das Fernglas ausschließlich für die Astronomie, ist die Einzelokulareinstellung gut geeignet. Für die Tagesbeobachtung, z.B. von Tieren ist eine Zentralfokussierung vorteilhaft, da Sie damit schneller auf unterschiedliche Entfernungen scharf stellen können.

7- oder 10fache Vergrößerung?

Zwei Kriterien sind für die Auswahl der Vergrößerung entscheidend. In der Regel können die meisten Menschen ein Fernglas mit 7facher Vergrößerung weitgehend ruhig halten, bei 10facher Vergrößerung gelingt das nicht allen – und somit wäre ein Stativ erforderlich. Das Fernglas mit 7facher Vergrößerung und 50mm Objektivdurchmesser zeigt gegenüber dem Glas mit 10facher Vergrößerung ein helleres Bild, das aber nur bei wirklich dunklem Himmel sinnvoll einsetzbar ist. Sollte Ihr Beobachtungsplatz in der Stadt oder Stadtnähe liegen und können Sie das Glas ohne Stativ handhaben, ist das Fernglas mit 10facher Vergrößerung die bessere Wahl.

20 Was kann ein Teleskop?

Egal mit welchem Teleskop oder Fernglas Sie beobachten, sie dienen alle dem selben Zweck: mehr Licht zu sammeln, mehr Einzelheiten aufzulösen und Details stärker zu vergrößern als Ihre eigenen Augen dies können.

Licht sammeln

Erst die Eigenschaft eines Teleskops mehr Licht sammeln zu können als das menschliche Auge, ermöglicht es, dass lichtschwache Nebel und Galaxien für uns sichtbar werden. Ihre Augen können nur eine begrenzte Menge Licht durch die maximal 7mm großen Pupillen aufnehmen. Selbst ein kleines Fernrohr mit nur 60mm *Öffnung* – das heißt einem Durchmesser der Frontlinse eines Refraktors oder des Spiegels bei einem Spiegelteleskop – hat ein wesentlich höheres *Lichtsammelvermögen* als das menschliche Auge. Da das Lichtsammelvermögen quadratisch mit dem Durchmesser der Öffnung wächst, bedeutet die doppelte Öffnung eines Teleskops die vierfache Lichtmenge, die dreifache Öffnung schon die neunfache Lichtmenge!

Lichtsammelvermögen = (Teleskopöff. in mm)² : 49 (7mm)²
Beispiel: 60mm² : 49² = 73faches Lichtsammelvermögen gegenüber dem Auge.

Durch ein Teleskop mit 60mm Öffnung können Sie etwa 1500000 Sterne bis zu 11ᵐ5 Grenzgröße sehen.

Einzelheiten auflösen

Die zweite Eigenschaft eines Teleskops, mehr Einzelheiten aufzulösen, ist ebenso direkt mit der Öffnung verknüpft. Als *Auflösungsvermögen* bezeichnet man hierbei die Fähigkeit, zwei eng zusammen liegende Punkte zu trennen, so dass diese einzeln wahrnehmbar sind. Die Steigerung des Auflösungsvermögens mit der Öffnung ist allerdings nicht so stark wie beim Lichtsammelvermögen: Eine doppelt so große Öffnung verdoppelt das Auflösungsvermögen. Als Maßeinheit dient dafür die *Bogensekunde* (").

Auflösungsvermögen in " = 139 : Teleskopöffnung in mm
Beispiel: 139 : 60mm = 2,3"

Ein Teleskop mit 60mm Öffnung trennt also z.B. zwei gleich helle Sterne mit 2,3 Bogensekunden Abstand oder zeigt Details auf dem Mond, wie z.B. Krater, die etwa 4km im Durchmesser sind.

Details vergrößern

Die *Vergrößerung* eines Teleskops ist normalerweise nicht festgelegt, sondern kann durch den Einsatz verschiedener Okulare variiert werden. Je höher Sie ein Objekt vergrößern, desto größer erscheint es Ihnen. So werden Details sichtbar, die vorher zu klein waren, um gesehen werden zu können.

Vergrößerung = Teleskopbrennweite : Okularbrennweite
Beispiel: 900mm : 25mm = 36fache Vergrößerung

Durch ein Teleskop mit 36facher Vergrößerung erscheinen Ihnen z.B. der Mond 36-mal näher, so als würde man ihn statt aus einer Entfernung von etwa 380000km nur noch aus einer Distanz von etwa 10500km sehen. Damit werden Krater sichtbar, die vorher zu klein waren, um mit dem bloßen Auge erkannt werden zu können.

Die *förderliche Vergrößerung* eines Teleskops beträgt:

förderliche Vergrößerung = Teleskopöffnung : 0,7
Beispiel: 60mm : 0,7 = 85fach

Ab der förderlichen Vergrößerung nutzen Sie das durch die Öffnung vorgegebene Auflösungsvermögen eines Teleskops. Bei dieser Vergrößerung zeigt ein Teleskop normalerweise die beste Abbildung.

Anders als einige Werbungen vermuten lassen, können Sie jedoch nur bis zu einer bestimmten Höhe vergrößern! Eingeschränkt durch die Öffnung, die Qualität der Optik und die Beobachtungsbedingungen beträgt die *Maximalvergrößerung* eines Einsteigerteleskops in der Regel:

Maximalvergrößerung = Teleskopöffnung × 2
Beispiel: 60mm × 2 = 120fache Vergrößerung

Eine höhere Vergrößerung zeigt keine weiteren Details und wird als *leere Vergrößerung* bezeichnet: Die Abbildung wird unscharf und flau. Bei Einsteigerteleskopen oftmals angegebene Vergrößerungen von 400fach, 500fach oder sogar höher sind Unfug.

Was ein Teleskop nicht kann

Durch Werbung, farbige Astrofotografien im Internet oder in Bildbänden und auch durch eine noch fehlende Erfahrung, bestehen oft Erwartungen an das Teleskop, die nicht erfüllt werden können. Mit einem Teleskop können Sie nicht:

- Nebel und Galaxien farbig wie auf Fotografien sehen
- Landefähren oder Autos der Apollomissionen erkennen
- Sterne als Scheiben darstellen
- Schwarze Löcher sichtbar machen
- Planeten außerhalb unseres Sonnensytems erkennen

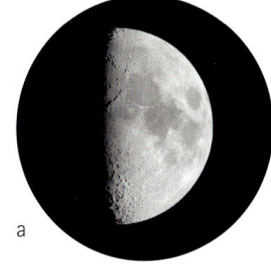

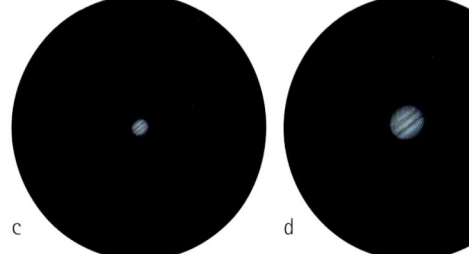

Simulation verschiedener Vergrößerungen durch ein Teleskop mit 60mm Öffnung und typischen Einsteiger-Okularen.
Oben: Mond mit 36facher (a) und 85facher (b) Vergrößerung
Unten: Jupiter mit 85facher (c) und 120facher (d) Vergrößerung

21 Welche Teleskoptypen gibt es?

Ein Teleskop sammelt in erster Linie Licht, das in einem Punkt, dem *Brennpunkt*, vereinigt wird. Das geschieht entweder durch eine Linse oder mit Hilfe eines Spiegels. Dieses einfache Prinzip bringt zwei grundsätzliche Teleskoptypen und eine Kombination von beiden hervor.

Linsenteleskope die Erste

Diese Bauart ist der Klassiker unter den Einsteigerteleskopen und sie besteht im Wesentlichen aus drei Komponenten: der *Objektivlinse* an der Vorderseite des Teleskops, dem Teleskoprohr, auch *Tubus* genannt, und dem *Okularauszug* am gegenüber liegendem Ende. Da Licht beim Durchqueren des Glaskörpers der Objektivlinse je nach seiner Farbe – blau mehr als rot – geringfügig aus seiner ursprünglichen Richtung abgelenkt wird, spricht man von Lichtbrechung, ein Linsenteleskop heißt deshalb auch *Refraktor* (von lat. frangere = brechen). Ein üblicher Refraktor besitzt eine Objektivlinse aus zwei Einzellinsen – der klas-

- Brennweite = Abstand vom Mittelpunkt des bilderzeugenden Elements (Linse oder Spiegel) zum Brennpunkt
- Öffnungsverhältnis = Teleskopöffnung in mm : Brennweite in mm, z.B. 60mm : 900mm = f/15
- Deutsche Schreibweise für Öffnung und Brennweite: z.B. für ein Teleskop mit 60mm Öffnung und 900mm Brennweite = 60/900
- Amerikanische Schreibweise für Öffnung und Brennweite: z.B. für ein Teleskop mit 60mm Öffnung und 900mm Brennweite = 2,4" f/15 (1 Zoll = 25,4mm)

sische *Achromat* – oder die etwas »bessere« Variante, eine Objektivlinse mit einem Luftspalt zwischen den einzelnen Linsen – dem *Fraunhofer-Achromat*. Die Kombination beider Objektivlinsen kann nur zwei Farben des Lichts in einem Punkt vereinigen und so bleibt ein Farbsaum um helle Objekte, besonders bei hohen Vergrößerungen.

Linsenteleskope die Zweite

Die *Apochromaten* stellen eine besondere Variante der Refraktoren dar: Mit Objektivlinsen aus speziellem Glas und zwei oder mehr einzelnen Linsen wird der *Farbfehler*, wie das Unvermögen alle Farben des Lichts in einem Brennpunkt zu vereinigen genannt wird, auf ein Minimum reduziert oder sogar ganz ausgeglichen. Im Gegensatz zu den Achromaten sind sie jedoch bedeutend teurer.

Spiegelteleskope

Bei einem Spiegelteleskop, dem *Reflektor*, ist der Name Programm: Das Licht wird durch einen großen *Hauptspiegel* gesammelt, auf ei-

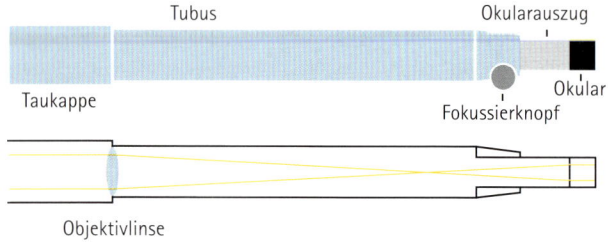

Strahlengang in einem Linsenteleskop

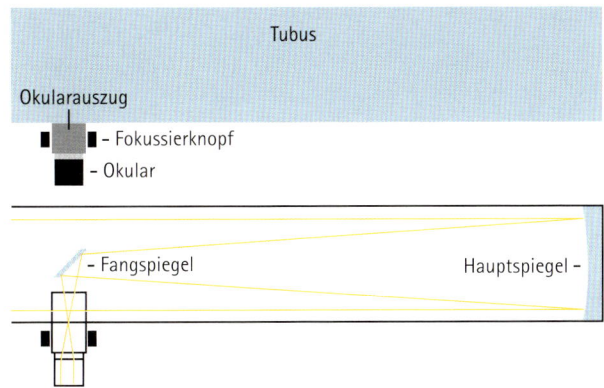

Strahlengang in einem Newton-Spiegelteleskop

Katadioptrische Teleskope

Ein *Katadioptrisches Teleskop* ist eine Kombination aus Linsen- und Spiegelelementen. Am hinteren Ende des Tubus befindet sich wie beim Spiegelteleskop der Hauptspiegel. In der Mitte des Spiegels ist jedoch eine Öffnung zum Durchlass der Lichtstrahlen, so dass der Okularauszug ebenfalls am hinteren Ende zu finden ist. Das vordere Ende des Teleskops ist nicht offen und durch eine spezielle Korrektorlinse zur Verbesserung der Bildqualität verschlossen. Auf dieser *Korrektorplatte* ist gleichzeitig der Fangspiegel befestigt. Zu den Katadioptrischen Systemen werden die *Schmidt-Cassegrain-Teleskope* (SCT) und die *Maksutov-Teleskope* (Mak) gerechnet. Diese beiden Varianten unterscheiden sich in der Bauweise der Korrektorplatte und der Anbringung des Fangspiegels. Beide Bauarten sind auch bei längeren Brennweiten sehr kompakt und transportabel.

nen kleineren *Fangspiegel* reflektiert und von dort in den Brennpunkt abgelenkt. Die am meisten verbreitete Bauweise ist das *Newton-Spiegelteleskop*. Hier befinden sich der Hauptspiegel am hinteren Ende des Tubus, der Fangspiegel und der Okularauszug am vorderen Ende des Teleskoprohrs. Sie blicken also im Gegensatz zum Refraktor vorne und seitlich am Tubus in das Okular. Da das Licht nicht gebrochen, sondern reflektiert wird, produzieren diese Teleskope keine Farbfehler. Dafür haben Sie jedoch andere Nachteile. Bei einigen Teleskopen kann die Oberfläche des Hauptspiegels wie eine Kugel geformt sein (*Kugelspiegel*), dann werden Lichtstrahlen vom Rand des Spiegels in einem anderen Brennpunkt vereinigt, als die aus der Mitte – das Bild ist bei höheren Vergrößerungen unscharf. Außerdem stellt der im Tubus angebrachte Fangspiegel ein Hindernis im Lichtweg dar, das auf Kosten der Schärfe und des Kontrastes der Abbildung geht.

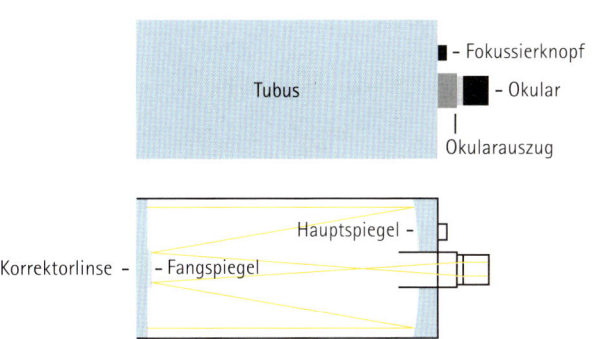

Strahlengang in einem Katadioptrischen Teleskop

22 Die verschiedenen Teleskopmontierungen

Zwischen einem Fernglas und einem Teleskop besteht im wahrsten Sinne des Wortes ein schwerer Unterschied: Das eine kann für die Beobachtung gut in der Hand gehalten werden, das andere nicht. Deshalb benötigen Sie für Ihre Erkundungen mit dem Teleskop ein Stativ und eine solide *Montierung*.

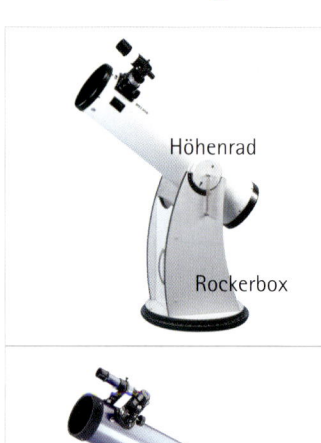

Höhenrad

Rockerbox

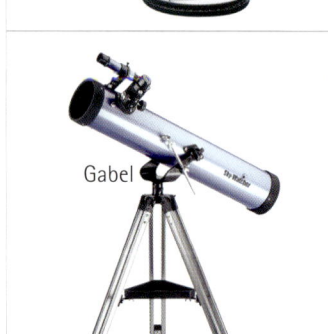

Gabel

Hoch, runter – links, rechts

Die einfachste Methode ein Teleskop zu montieren ist die *azimutale Montierung*, mit der Sie ein Teleskop waagerecht und senkrecht bewegen können. Eine Achse ist dabei auf den *Zenit* gerichtet, die andere parallel zum Horizont. Diese Ausrichtung im *Horizontsystem* ist, da sie unserer alltäglichen Wahrnehmung entspricht, ganz natürlich zu bedienen und Ziele

Zwei typische Vertreter der azimutalen Montierung: ein Dobson-Teleskop und ein Newton-Spiegelteleskop auf zweiarmiger Gabel.

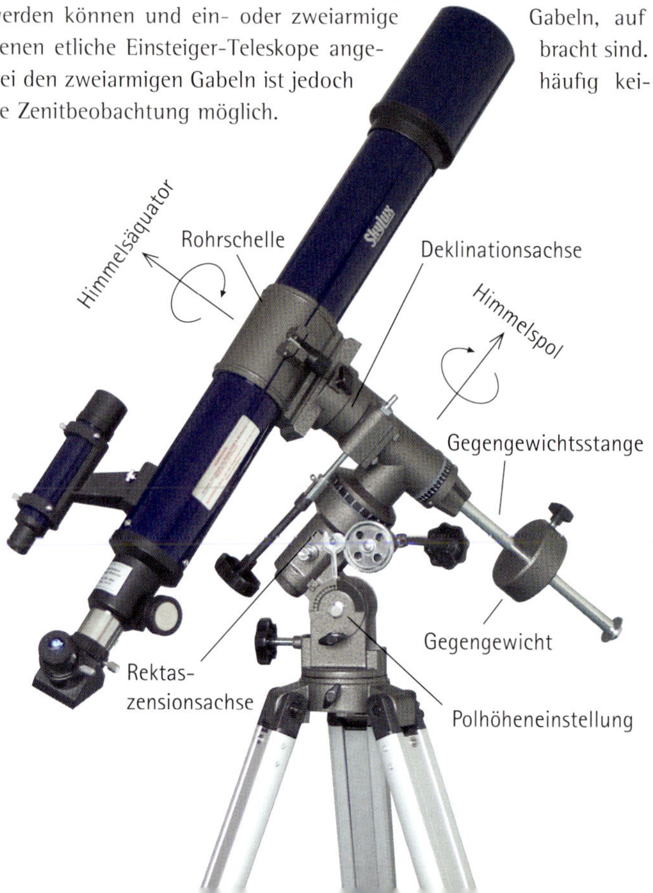

sind leicht auffindbar. Für das Nachführen eines Objektes – zum Ausgleich seiner scheinbaren Bewegung am Himmel – müssen Sie das Teleskop allerdings in zwei Achsen bewegen. Typische Umsetzungen dieser Montierung sind Videoneiger, die für Ferngläser verwendet werden können und ein- oder zweiarmige Gabeln, auf denen etliche Einsteiger-Teleskope angebracht sind. Bei den zweiarmigen Gabeln ist jedoch häufig keine Zenitbeobachtung möglich.

Himmelsäquator

Rohrschelle

Deklinationsachse

Himmelspol

Gegengewichtsstange

Gegengewicht

Rektaszensionsachse

Polhöheneinstellung

Let´s rock

Eine besonders praktische Lösung einer azimutalen Montierung ist die nach ihrem Erfinder benannte *Dobson-Montierung*, nach der auch die Dobson-Teleskope benannt werden. Die Basis dieser Konstruktion ist eine Art Kiste, die Rockerbox, die auf einer Grundplatte rotierbar montiert ist. Das Teleskop selbst wird in eine Aussparung der Rockerbox eingehängt. So sind selbst große *Newton-Spiegelteleskope* mit 300mm Öffnung und mehr einfach bedienbar und transportabel.

In Richtung Pol

Bei der *parallaktischen Montierung* (auch äquatoriale Montierung genannt) ist eine der beiden Achsen, die *Rektaszensionsachse*, so ausgerichtet, dass Sie zum *Himmelspol* zeigt, während die zweite Achse, die *Deklinationsachse*, auf den *Himmelsäquator* gerichtet ist. Damit ist es möglich, alleine durch Drehung der Rektaszensionsachse in Ost-West-Richtung ein Objekt der täglichen Himmelsbewegung nachzuführen, entweder per Hand, z.B. mit Hilfe einer manuellen Feinbewegung, oder automatisch per Motor. Allerdings sind stabile parallaktische Montierungen relativ schwer und anspruchsvoll in der Bedienung. Zwei unterschiedliche Konstruktionen von parallaktischen Montierungen sind für Amateurteleskope üblich: die *Deutsche Montierung* und die Gabelmontierung.

Aufbau und grobe Einnordung einer parallaktischen Montierung

Der Aufbau einer parallaktischen Montierung ist nicht ganz einfach. Üben Sie die nötigen Schritte am besten tagsüber im Hellen, damit die Montage später in der Dämmerung oder mit einer Stirnlampe ausgerüstet ebenfalls im Dunkeln reibungslos funktioniert.

- Stellen Sie das Stativ mit der Montierung auf einen festen Untergrund und achten Sie darauf, dass es möglichst gerade steht (eine kleine Dosenlibelle, die in Ihrem Okularkoffer Platz findet, ist dabei hilfreich)
- Drehen Sie Stativ und Montierung so, dass die Polachse genau nach Norden ausgerichtet ist. Auf der Montierungsbasis befindet sich meistens ein »N« für Norden. Bei Nacht orientieren Sie sich am Polarstern oder verwenden sie einen Kompass, wenn der Polarstern nicht sichtbar ist.
- Neigen Sie die Rektaszensionsachse so weit, bis sie auf den Polarstern zeigt, der Winkel dafür entspricht der geographischen Breite Ihres Standortes, z.B. 50° für Frankfurt, das in etwa in der Mitte Deutschlands liegt. An der Polhöheneinstellung finden Sie dafür eine entsprechende Skala.
- Nach Befestigung von Teleskop, Gegengewichtsstange, Gegengewichten und Zubehör, wie Zenitprisma und Okular, lösen Sie die Rektaszensionsklemme, bringen das Teleskop und Gegengewicht in eine waagerecht Position und verschieben das Gegengewicht so, das der Tubus ausbalanciert ist und sich nicht mehr zu einer Seite hin neigt. Jetzt können Sie die Rektaszensionsklemmen wieder schließen.
- Lösen Sie danach die Deklinationsklemme und verschieben bei etwas geöffneten Rohrschellen den Tubus so, das sich das Teleskop nicht mehr nach vorne oder hinten neigt. Danach wird die Deklinationsklemme wieder angezogen. Bedenken Sie, dass Zubehörteile die Balance verändern können.

Jetzt ist die Montierung für die visuelle Beobachtung ausreichend genau eingerichtet.

23 Sinnvolles Zubehör für das Teleskop

Die erste Berührung mit dem Hobby Astronomie erleben frisch gebackene Sternfreunde meistens mit einem kleinen *Linsenteleskop* oder *Spiegelteleskop.* Diese Fernrohre sind in der Regel mit etwas Zubehör ausgestattet. Einiges davon ist zweckmäßig, anderes weniger und kann durch sinnvollere Komponenten ergänzt oder ersetzt werden.

Die Lupen des Teleskops

Jedes Teleskop erzeugt eine nur schwach vergrößerte Abbildung des betrachteten Objektes. Hier kommen die *Okulare* ins Spiel: Sie sind das Verbindungsglied zwischen Ihrem Auge und dem Teleskop und vergrößern das vom Fernrohr erzeugte Bild.

Wie viel soll's denn sein?

Da Himmelsobjekte verschieden groß erscheinen, benötigen Sie für deren Beobachtung auch unterschiedliche Vergrößerungsstufen. Für den Anfang reicht dafür ein Satz von drei Okularen aus. Waren bei Ihrer Teleskopausstattung schon Okulare dabei, überprüfen Sie diese in Hinblick auf die mögliche Vergrößerung. Achten Sie besonders auf Okulare mit kurzen Brennweiten z.B. 4mm oder 6mm. Liefern diese deutlich größere Vergrößerungswerte als etwa das zweifache der Öffnung Ihres Teleskops, werden sie kaum einsetzbar sein.

Dick oder dünn?

Die Durchmesser der Steckhülse von Okularen sind genormt und für Amateurteleskope in drei Größen verfügbar: 24,5mm (0,96"), 31,8mm (1,25") und 50,8mm (2"). Ein Okularauszug mit mindestens 31,8mm Steckmaß ist von Vorteil, da für diese Größe das meiste Zubehör erhältlich ist.

Guter Überblick

Das Gesichtsfeld eines Okulars ist je nach Bauart verschieden groß. Unter 40° *Eigengesichtsfeld* überschauen Sie nur noch einen sehr kleinen Ausschnitt des Himmels und Sie haben den Eindruck, als ob Sie durch eine Röhre oder einen Tunnel schauen. Plössl-Okulare mit Eigengesichtsfeldern von etwa 50° bieten für »wenig« Geld eine gute Leistung bei allen Vergrößerungen und ein ausreichend großes Gesichtsfeld.

Entspannte Beobachtung

Ein Zenitspiegel oder *Zenitprisma* lenkt den Lichtstrahl um 90° ab, so dass bei Teleskopen mit Einblick am hinteren Ende des Tubus die Beobachtung auch in Zenitnähe in einer bequemen Kopfhaltung möglich ist. Für ein Linsenteleskop benötigen Sie dieses Zubehör auf jeden Fall. Allerdings wird die Abbildung gespiegelt und die Orientierung ist somit anfangs ungewohnt. Ohne Prisma liefern übrigens sowohl Linsen- als auch Spiegelteleskope ein auf dem Kopf stehendes Bild!

Nicht die Orientierung verlieren

Manchmal gehört zur Ausstattung des Teleskops ein *Amiciprisma*. Im Gegensatz zum Zenitspiegel bleibt das Bild so, wie Sie es am Himmel sehen. Die Qualität ist in der Regel nicht sehr gut, die Abbildung verliert bei höheren Vergrößerungen deutlich an Schärfe. Zur Beobachtung des Mondes mit niedrigen Vergrößerungen ist das Amiciprisma jedoch eine große Hilfe bei der Orientierung, darüber hinaus werden damit Erdbeobachtungen möglich.

Okulartyp	Eigengesichtsfeld	Anwendung
Huygens (H)	etwa 40°	niedrige Vergrößerung Sonnenprojektion
Kellner (K)	etwa 40°	niedrige bis mittlere Vergrößerungen
Plössl (Pl)	etwa 50°	niedrige bis hohe Vergrößerungen
Orthoskopisch (O)	etwa 45°	mittlere bis hohe Vergrößerungen

Die gängigsten Okulartypen für Einsteigerteleskope sind die Bauarten Huygens, Kellner und Plössl. Das 10° größere Eigengesichtsfeld eines Plössl-Okulars zahlt sich aus, denn der Unterschied ist beim Blick durch das Okular deutlich größer als es sich in Zahlen ausdrückt.

Ab in die Schublade

Die in einer Komplettausstattung meist enthaltene *Barlowlinse*, welche die Vergrößerung verdoppelt, und die *Umkehrlinse*, die die Bildorientierung umkehrt, besitzen meist so schlechte optische Komponenten, dass die Bildqualität deutlich leidet. Sie gehören am besten sofort in die Schublade und nicht an das Teleskop.

Blick in die Zukunft

Haben Sie schon einige Zeit beobachtet und möchten gerne tiefer ins Hobby einsteigen, lohnt sich auch für ein kleines Teleskop die Anschaffung eines *Nebelfilters*. Damit werden viele *Galaktische Nebel* und *Planetarische Nebel* kontrastreicher dargestellt. Besonders in Stadtnähe können diese Filter sehr nützlich sein. Ein einfacher Motor für die *Montierung*, der das Teleskop in der Rektaszensionsachse nachführt, erleichtert die Beobachtung, besonders bei hohen Vergrößerungen.

Anwendung	Vergößerung	Okularbrennweite
Objekte aufsuchen, Milchstraße	a) 15×–30× b) 20×–30×	a) 40mm–20mm b) 40mm–32mm
Sonne und Mond, Offene Sternhaufen, Galaxien	a) 40×–70× b) 45×–75×	a) 15mm–9mm b) 20mm–12mm
Planeten, Monddetails, Doppelsterne, Planeta-rische Nebel	a) 100× b) 100×–150×	a) 6mm b) 9mm–6mm

Okularvorschläge für ein Einsteigerteleskop mit:
a) 60mm Öffnung und 600mm Brennweite
b) 114mm Öffnung und 900mm Brennweite

Grundausstattung für das Teleskop

- Satz aus drei Okularen für niedrige, mittlere und hohe Vergrößerungen
- Sucherteleskop mit mindestens 30mm Öffnung oder mehr
- Leuchtpunktsucher
- Zenitspiegel oder Zenitprisma für ein Linsenteleskop oder Teleskope mit Einblick am hinteren Ende des Tubus
- Amiciprisma für Erdbeobachtungen oder zur leichteren Orientierung bei der Beobachtung des Mondes

Als Ergänzung

- Nebelfilter zur Beobachtung Planetarischer und Galaktischer Nebel
- Motor für Rektaszensionsachse

24 Der Sucher: ein Muss am Teleskop

Die meiste Zeit während der Beobachtung mit dem Teleskop verbringt man mit dem Aufsuchen von Objekten! Damit dies nicht zum Fruster-lebnis wird, gehört ein Sucher zur Grundausstattung am Fernrohr.

Kein Überblick

Der Himmelsausschnitt, der im Teleskop mit einem bestimmten Oku-lar überblickt werden kann, wird *Gesichtsfeld* genannt. Dieses ist bei den meisten Teleskopen selbst bei niedriger Vergrößerung so klein, dass ein alleiniges Anpeilen des Objektes über den Tubus hinweg zu ungenau ist. Eine leicht zu bedienende Hilfe beim Anpeilen der Ziele bieten aber zwei unterschiedliche Arten von Suchern.

Teleskop im Miniformat

Der klassische Sucher ist im Prinzip ein kleines Fernrohr, das am Tele-skop in der Nähe des Okularauszugs angebracht wird. Typische Stan-dardgrößen für solche Sucher sind 6×30, das heißt 30mm Öffnung und 6fache Vergrößerung und 8×50, also 50mm Öffnung und 8fache Vergrößerung. Der kleine Sucher zeigt damit ein größeres Gesichtsfeld, während der größere Sucher ein deutlich höheres Lichtsammelvermö-gen bietet und lichtschwächere Objekte zeigt. Mit einem 8×50-Sucher ist es bei einem entsprechend dunklen Himmel möglich, viele hellere Himmelsobjekte wie z.B. Sternhaufen, Nebel, Kometen, Asteroiden und einige Galaxien direkt zu erkennen. Ein im Okular des Suchers angebrachtes Fadenkreuz erleichtert das präzise Einstellen eines be-stimmten Punktes am Himmel.

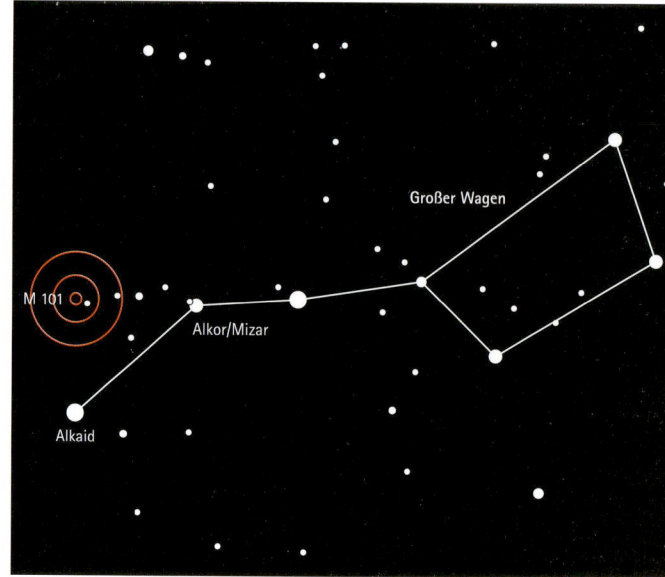

Mit einem Leuchtpunktsucher haben Sie gleichzeitig einen gro-ßen Himmelsausschnitt und die Zielmarkierung im Blick, was ein sehr schnelles Anpeilen anhand von Sternen oder Sternmustern ermöglicht

Nicht die Orientierung verlieren

Die klassischen Sucher zeigen meist ein seitenverkehrtes oder ein auf dem Kopf stehendes Bild. Es gibt jedoch auch Modelle, die den Himmel so abbilden, wie Sie ihn mit dem bloßen Auge oder im Fernglas sehen können. Für den Beginn ist mit einem solchen Modell die Orientierung am Himmel wesentlich einfacher. Fragen Sie beim Kauf danach! Eine besonders bequeme Handhabung bietet ein Sucher mit Zenitspiegel.

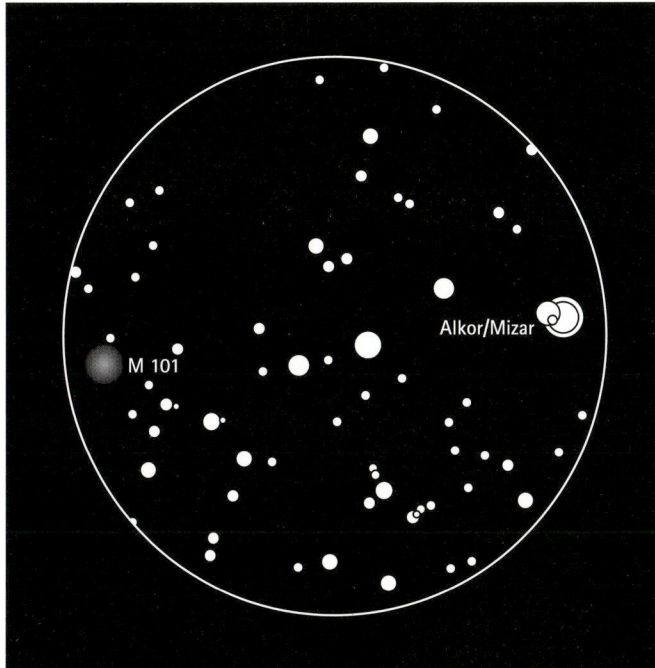

Das gleiche Himmelsareal um die Strudelgalaxie M 101 mit Blick durch einen 8×50-Sucher bei aufrechter und seitenrichtiger Abbildung: Das Objekt ist unter sehr guten Bedingungen schon schwach sichtbar

Besonders wenn Sie Objekte in Zenitnähe beobachten möchten, wird Ihr Hals und Rücken es Ihnen danken. Da der »klassische« Sucher beim Durchsehen viel mehr Sterne als mit dem bloßen Auge zeigt, können Sie sich hier an der Technik des *Star-Hopping* versuchen, indem Sie

sich mit Hilfe eines Sternatlas auf bestimmten Routen gezielt von Stern zu Stern hangeln und so zu Ihrem Ziel gelangen

Leuchtend ans Ziel

Eine andere Art von Peilvorrichtungen, die in den letzten Jahren sehr beliebt wurden, sind die sogenannten *Leuchtpunktsucher*: Sie blicken durch eine Scheibe, auf der ein roter Punkt, ein Fadenkreuz oder auch verschieden große Zielkreise projiziert werden, die in ihrer Helligkeit einstellbar sind oder sogar pulsierend ein- und ausgeblendet werden können. Im Gegensatz zum klassischen Sucher besitzt ein solches Gerät keine Optik, der Himmelausschnitt wird nicht vergrößert und die Bildorientierung bleibt erhalten. Der Überblick mit einem Leuchtpunktsucher ist besonders groß, da Sie das Himmelsareal im Auge behalten können und gleichzeitig die Zielmarkierungen sehen. Die rote Markierung zeigt dann genau auf die Stelle am Himmel, auf die auch Ihr Teleskop zielt. Sie sehen allerdings auch keine weiteren Sterne als mit dem bloßen Auge sichtbar sind. Voraussetzung für beide Arten von Peilvorrichtungen ist ein sehr genaues Justieren des Suchers, so dass Teleskop und Sucher auf genau die gleiche Stelle zeigen. Ein Leuchtpunktsucher ist sehr effektiv in Verbindung mit einem Teleskop bei geringer Vergrößerung und einem großen Gesichtsfeld.

25 Sichere Sonnenbeobachtung

Unser Heimatstern, die Sonne, ist etwa 150 Millionen Kilometer von der Erde entfernt. Trotz dieser Distanz erreichen große Mengen Strahlung verschiedener Wellenlängen die Erdoberfläche. Fast jedes Kind hat sich dies schon zu Nutze gemacht und mit einer Lupe ein Feuer entfacht. Genau dieser Effekt ist das Problem bei der Sonnenbeobachtung mit dem Teleskop: Unsere Augen müssen vor dem gebündelten Sonnenlicht, das eine enorme Hitze im Brennpunkt einer Lupe aber auch eines Teleskops entwickelt, geschützt werden.

Der Klassiker

Die ungefährlichste Art der Sonnenbeobachtung ist die Methode der *Sonnenprojektion*. Dabei wird eine Art Schirm hinter dem Okular befestigt, auf den das ungefilterte Sonnenbild in der Art eines Diaprojektors geworfen wird. Mehrere Beobachter können so gleichzeitig das Sonnenbild betrachten. Diese Methode ist nur für *Refraktoren* geeignet. Achten Sie allerdings darauf, keine Okulare mit Kunststoffgehäuse oder Zenitspiegel und *Zenitprismen* zu verwenden. Diese können durch die Hitze schnell zerstört werden. Einfache *Huygens-Okulare* sind am besten geeignet. Gönnen Sie ebenfalls Ihrem Teleskop nach einiger Zeit eine Pause, damit die Optik nicht zu stark erwärmt wird.

Der Standard

Bei der anderen weit verbreiteten Methode der Sonnenbeobachtung wird ein *Sonnenfilter* vor dem Objektiv fixiert. Das Sonnenlicht wird dadurch so stark gedämpft, dass es für unsere Augen unschädlich ist. Diese Filter sind auch für Reflektoren wie *Newton-Spiegelteleskope* oder *katadioptrische Teleskope* geeignet. Der Wirkungsgrad der Filte-

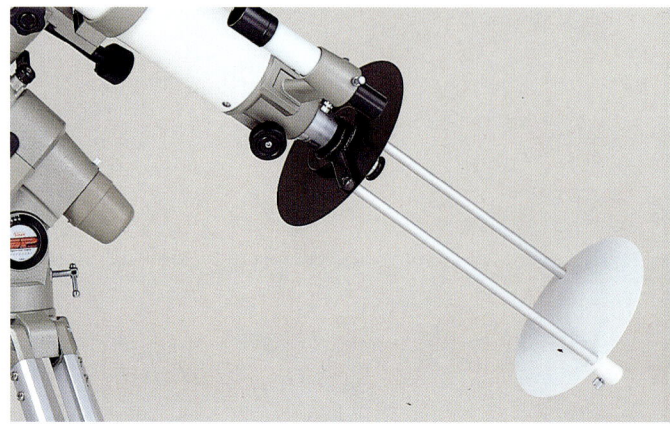

Bei der Sonnenprojektion können Sie die Größe der projizierten Sonnenscheibe durch den Abstand des Schirms verändern. Falls das Bild nicht hell genug ist, verwenden Sie z.B. einen Karton zum abschirmen. Achten Sie darauf, dass der Sucher abgedeckt ist und lassen Sie das Teleskop nicht unbeaufsichtigt, damit niemand durchblickt.

rung wird als *Neutraldichte* (ND) angegeben. Ein Wert von ND 5 ist für visuelle Beobachtungen geeignet und schwächt das Licht um den Faktor 100000. ND 3 schwächt das Licht um einen Faktor 1000 und ist für die Sonnenfotografie geeignet. Sonnenfilter bestehen entweder aus Glas, z.B. in einer Metallfassung, oder aus einer sehr dünnen Folie. Diese Sonnenfilterfolie kann man auch als einzelne Blätter kaufen. Mit wenig Aufwand lässt sich eine Fassung genau für die Maße Ihres Teleskops bauen, die mit dieser Folie bestückt ein ausgezeichneter Sonnenfilter ist. Im Internet werden Sie unter dem Stichwort Sonnenfilterfolie verschiedene Bauanleitungen finden.

Gefasste Sonnenfilter aus Glas sind in vielen verschiedenen Größen erhältlich und schnell am Teleskop angebracht. Sie zeigen meist ein gelbliches, manchmal auch ein bläuliches Sonnenbild.

Der Gefährliche

Verwenden Sie keine *Okularsonnenfilter*, die **vor** das Okular geschraubt werden und manchmal bei einem Teleskop mitgeliefert werden. Diese Filter sind gefährlich! Da sie in der Nähe des *Brennpunktes* liegen, können sie sehr heiß werden und platzen. Das Sonnenlicht würde dann ungehindert auf Ihre Augen treffen und diese sofort schädigen oder im schlimmsten Fall zur Erblindung führen. Meistens sind diese Filter mit der Aufschrift »Sun« gekennzeichnet. Im Zweifelsfalle benutzen Sie derartige Filter gar nicht.

Der Newcomer

Eine dritte Methode ist in den letzten Jahren erschwinglich geworden: die Sonnenbeobachtung im *H-alpha-Licht*. Anders als bei der Beobachtung im *Weißlicht*, bei der der gesamte sichtbare Bereich des Sonnenlichts lediglich abgeschwächt wird, ist die Filterung mit einem *H-alpha-Filter* radikaler. Nur der winzige Anteil des Lichts, den die Sonne im Licht der roten Emissionslinie des Wasserstoffs aussendet, gelangt durch einen solchen Filter. In diesem Spektralbereich ist die ansonsten unsichtbare turbulente *Chromosphäre* mit ihren Protuberanzen und Ausbrüchen zu sehen.

Sonnenfilterfolie wird in der Regel als einzelnes »Blatt« in unterschiedlichen Größen angeboten und liefert eine bläulich-weiße Sonnendarstellung. Mit wenig Aufwand ist eine Filterfassung für Ihre Teleskopgröße gebaut. Meistens ist auch noch ein Rest für den Sucher übrig.
Das wellige Aussehen beeinflußt das Sonnenbild nicht. Achten Sie allerdings darauf, dass die Folie keine Knicke oder Löcher hat.

> Die Neutraldichte ist definiert als der Logarithmus des Faktors, um den ein Filter das Licht schwächt:
> - ND 3: Abschwächung um den Faktor $10^3 = 1000$
> - ND 4: Abschwächung um den Faktor $10^4 = 10000$
> - ND 5: Abschwächung um den Faktor $10^5 = 100000$

26 Was ist ein GoTo-Teleskop?

Ein besonderer Luxus, welcher lange Zeit den Geräten der professionellen Astronomen vorbehalten war, hält auch seit einigen Jahren Einzug in die Amateurastronomie: Das automatische Auffinden und Ansteuern von *Deep-Sky-Objekten*, *Planeten*, *Kometen*, *Asteroiden* und sogar *Satelliten* mit dem Teleskop.

All inclusive

Diese Geräte werden als *GoTo-Teleskope* bezeichnet und kommen in der Regel als Komplettpakete daher, das heißt als Kombination von Optik und Montierung, in welche die Elektronik zur Steuerung des Teleskops eingebaut ist. Mit einer dazugehörigen Handsteuerbox werden die entsprechenden Befehle erteilt. Die Software der Steuerbox kann in der Regel einfach über das Internet aktualisiert werden, damit auch z.B. neu entdeckte Kometen oder Satelliten gefunden werden können. Bestimmte Montierungen lassen sich ebenfalls mit einer Computersteuerung nachrüsten und so GoTo-fähig machen.

Tausend auf einen Streich

Die GoTo-Steuerungen versprechen das Auffinden von tausenden Deep-Sky-Objekten auf Knopfdruck, was gerade für den Einsteiger sehr verlockend klingt. Im Prinzip ist das richtig, Sie müssen jedoch bei der Aufstellung und Ausrichtung des Teleskops sorgfältig vorgehen um keine ungewollten Überraschungen zu erleben. Außerdem ist es sehr schwer einzuschätzen, ob ein bestimmtes Himmelsobjekt wie z.B. eine lichtschwache *Galaxie* im verwendeten Teleskop und bei gegebenen Beobachtungsbedingungen überhaupt sichtbar ist. Ist das

Zielobjekt zu schwach, hilft es auch nichts, wenn es genau im Okular positioniert wird.

Dann klappt's auch mit dem Auffinden

Damit das Auffinden auch wirklich problemlos funktionieren kann, müssen Sie bei jedem Aufbau eine bestimmte Prozedur durchlaufen:

1. Eine waagerechte Aufstellung des Stativs
2. Die waagerechte Ausrichtung des Tubus nach Norden
3. Die minutengenaue Eingabe der Uhrzeit und der geografischen Koordinaten Ihres Standorts (die neue Generation von GoTo-Teleskopen kann Punkt 2 und 3 allerdings mit Hilfe von GPS-Empfänger, elektronischem Kompass und Ausrichtungssensoren automatisch erledigen)
4. Die Positionierung und Bestätigung vom Computer vorgeschlagener Referenzsterne oder selber ausgewählter heller Sterne und Planeten

Gute Referenzen

Die genaue Ausführung des vierten Punktes ist besonders wichtig, damit das Teleskop wirklich exakt positionieren kann. Der Computer errechnet mit Hilfe von Datum, Uhrzeit und geografischen Koordinaten den aktuellen Himmel über Ihrem Standort. Danach wird die Ausrichtung, d.h. die Lage der Drehachsen Ihres Teleskops im Raum, bestimmt. Dazu schlägt die Software z.B. zwei besonders helle Sterne vor und fährt diese nacheinander an. Stellen Sie die Referenzsterne nun jeweils genau mittig in das Okular. Jetzt sollte Ihr Teleskop startklar für die Beobachtungsnacht sein. Am einfachsten geht diese Ausrichtung mit Hilfe eines *Fadenkreuzokulars*. Bei einer anderen Methode wählen Sie selbst drei helle Sterne oder Planeten und zentrieren diese nacheinander im Okular.

Kombinierte Computerpower

Die GoTo-Steuerungen der gängigen Hersteller werden von vielen Astronomieprogrammen unterstützt. Das Teleskop wird dann an einen Laptop oder Computer angeschlossen und direkt über das Programm gesteuert. Die umfangreichen Funktionen einer Astronomiesoftware ergänzt die Steuerung des Teleskops und ermöglicht damit z.B. auch ferngesteuerte oder automatisierte Abläufe für die Astrofotografie.

Eine sehr kompakte Variante der GoTo-Montierungen bietet die weit verbreitete Gabel-Bauweise. Bei diesen Geräten bildet die Montierung in Form einer Gabel mit dem Tubus und der Steuerung eine Einheit. Die Motoren zur Positionierung und Nachführung sind in der Gabel untergebracht. Diese Teleskope sind mit Öffnungen von 90mm bis 400mm erhältlich. Ebenfalls gibt es kleinere Refraktoren mit einer ähnlichen Gabelmontierung.

Tipp: Zum exakten Zentrieren der Referenzsterne verwenden Sie am besten zuerst eine kleine Vergrößerung, damit Sie das Objekt schnell finden. Danach können Sie die Vergrößerung steigern um die Genauigkeit zu erhöhen. Haben Sie kein Fadenkreuzokular zur Hand, stellen Sie den Stern oder Planeten unscharf, so dass die Scheibe mehr als die Hälfte des Gesichtsfelds einnimmt. Solch ein Objekt ist leichter zu zentrieren als ein nur kleiner Lichtpunkt.

Blick im Refraktor

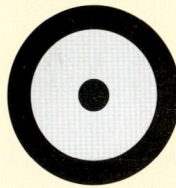

Blick im Reflektor

Einige »Billigteleskope« werben mit GoTo-Funktion, können diese jedoch auf Grund mangelhafter Mechanik auch bei sorgfältiger Aufstellung oft nicht erfüllen. Man kann sich eventuell damit behelfen, dass die Referenzsterne in der unmittelbaren Nähe des Beobachtungsobjektes ausgewählt werden. Leider hilft oft aber nur die Rückgabe des Teleskops.

27 Praktische Ausrüstung für eine Beobachtungsnacht

Das höchste Glück des Hobby-Astronomen ist die Beobachtung draußen unter dunklem Himmel, doch in unseren Breiten lässt das Wetter normalerweise solche Gelegenheiten nicht allzu oft zu. Um die wenige zur Verfügung stehende Zeit möglichst gut zu nutzen, gehören einige Ausrüstungsgegenstände zum »Survival-Kit« des Sternfreunds.

Kein 4-Sterne-Hotel

Im Winter bedeutet ein klare Nacht manchmal stundenlanges stehen in Eiseskälte, ebenfalls sind die Spätsommernächte oft empfindlich kalt. Damit dies nicht zur Tortur wird, steht an allererster Stelle der Ausrüstung warme Kleidung. Besonders der Kopf sollte mit einer Mütze geschützt werden, da wir die meiste Wärme über dieses Körperteil verlieren. Auch die Füße sind gefährdet, einmal richtig kalt geworden ist der Abend verdorben. Eine Investition in gute Winterstiefel ist deshalb unbedingt lohnend. Warme Unterwäsche, dicke Socken, Fingerhandschuhe, Jacke und Thermo- oder Skihose komplettieren die Kollektion. Generell isoliert lockere, in mehreren »Schichten« getragene Kleidung am besten. Für extrem kalte Nächte sind Wärme-Gelpads ein heißer Tipp: Unter der Kleidung getragen wirken sie wie ein kleiner Ofen von innen.

Etwas Warmes braucht der Astronom

Eine Thermoskanne mit einem heißen Getränk darf ebensowenig fehlen. Der warme Schluck in den Beobachtungspausen und ein kleiner Snack zwischendurch helfen schnell über Durchhänger hinweg. Tee,

Die Vorfreude ist groß – gut vorbereitet hält der Spaß auch eine ganze Beobachtungsnacht an

Studentenfutter, Kraftriegel oder Schokolade sind perfekt dafür. Falls Sie bei der Beobachtung sitzen möchten, denken Sie an einen Stuhl.

Ein Licht im Dunkeln

Beim Auf- und Abbau Ihres Teleskops ist es praktisch, beide Hände frei zu haben. Mit einer Stirnlampe ist das leicht machbar. Am besten sind Lampen mit einem Weißlicht und einem Rotlicht, welches die *Adaption* der Augen nicht stört und damit zugleich für das Lesen des Sternatlas und einer drehbaren Sternkarte geeignet ist. Diese sollte ebenfalls einen Stammplatz in der Ausrüstungskiste finden.

Checkiste Ausrüstung

Kleidung

- Mütze, Schal
- Fingerhandschuhe
- dicke Socken
- warme Unterwäsche
- Winddichte Thermojacke
- Thermohose, Skihose oder Overall
- Winterstiefel
- Wärmepads

Verpflegung

- Thermoskanne mit heißem Getränk
- kleiner Snack, wie Nüsse oder Schokolade

Astrozubehör

- Stirnlampe mit Weiß- und Rotlicht
- Sternatlas, drehbare Sternkarte
- Beobachtungsbuch, Bleistift
- Stuhl
- Taukappe

Zusätzliches

- Isomatte
- Schlafsack
- Handy

Tipp: Eine praktische Taukappe können Sie aus dem Schaumstoffmaterial einer Isomatte selber bauen. Die Länge sollte mindestens dem 2fachen Tubusdurchmesser entsprechen. Durch die Verwendung eines Klettbands ist die Taukappe einfach zu öffnen, zu schließen und Platz sparend zu verstauen.

Schreib' mal wieder

Ein Beobachtungsbuch, in das Sie das Gesehene als Beschreibung oder als Zeichnung eintragen, wird mit der Zeit ein wertvoller Begleiter sein. Sie können Beobachtungen zu verschiedenen Zeiten und Bedingungen vergleichen oder sich einfach an den beschriebenen Astroerlebnissen erfreuen. Mehr als ein DIN A4 Skizzenbuch mit Spiralbindung und ein Bleistift ist dafür nicht nötig.

Klarer Blick

In Nächten mit starker Luftfeuchtigkeit kann es vorkommen, dass die Optik Ihres Fernrohrs beschlägt. Besonders betroffen davon sind die Objektive von *Linsenteleskopen* und die Korrektorplatten von *Katadioptrischen Teleskopen*. Ist die Optik einmal vom Tau beschlagen oder im Winter sogar zugefroren, haben Sie kaum eine Chance diese wieder frei zu bekommen. Wischen Sie nicht mit einem Tuch oder ähnlichem über die Linse, Sie könnten die Optik leicht zerkratzen. Damit dies erst gar nicht nötig wird, ist die Anschaffung einer Taukappe sinnvoll, die den Tubus verlängert und somit ein Beschlagen verhindern kann – insbesondere wenn die Taukappe beheizt ist.

Gut vorbereitet

Damit Sie nicht jedes Mal alles zusammensuchen müssen, halten Sie doch die Utensilien fertig gepackt bereit, insgesamt sind nur zwei übliche Haushaltskisten nötig. Bei Bedarf können diese dann schnell ins Auto gestellt werden. Verpacken Sie dann noch Ihr Teleskop, geht auch bei einem spontanen Aufbruch nichts schief.

28 Das erste Sternbild

Fast jeder kennt den Großen Wagen: Ein unverkennbares Muster aus sieben Sternen, welches das ganze Jahr in Mitteleuropa am Himmel sichtbar ist. Drei Sonnen bilden die Deichsel des Himmelswagens und weitere vier den Kasten. Der Große Wagen ist aber eigentlich nur der zentrale Teil des weitaus größeren *Sternbilds* Große Bärin und bildet deren Körper.

Der ruhende Pol am Himmel

Vom Großen Wagen gelangen Sie sehr einfach zu einer Konstellation, die eine herausragende Stellung innehat: der Kleine Wagen. Dieses Sternmuster sieht wirklich wie eine kleine Version seines großen Bruders aus und ist ebenfalls ein Teil eines größeren Sternbilds – das der Kleinen Bärin. Der Kleine Wagen ist also im eigentlichen Sinne kein eigenständiges Sternbild. Die wirkliche Besonderheit des Kleinen Wagens ist allerdings sein hellster Stern: der Polarstern oder Polaris, der sich fast genau am *Himmelspol* befindet. Während Polaris am Himmelspol still zu stehen scheint, drehen sich alle anderen Sterne auf ihrer Bahn scheinbar um ihn herum.

Wie entstanden die Sternbilder?

Da die Sterne am Himmel solch auffällige Muster bilden, wurden sie schon seit vielen Jahrtausenden zu Bildern – den Sternbildern – zusammengefasst. Die ersten Zeugnisse davon finden sich in frühzeitlichen Höhlenmalereien. Tief verbunden mit der Natur waren unsere Vorfahren so auch am Himmel umgeben von Göttern und Menschen, Tieren und Fabelwesen, die für sie lebendig waren und miteinander in Beziehung standen. In späteren Kulturen dienten die Sterne als Teil

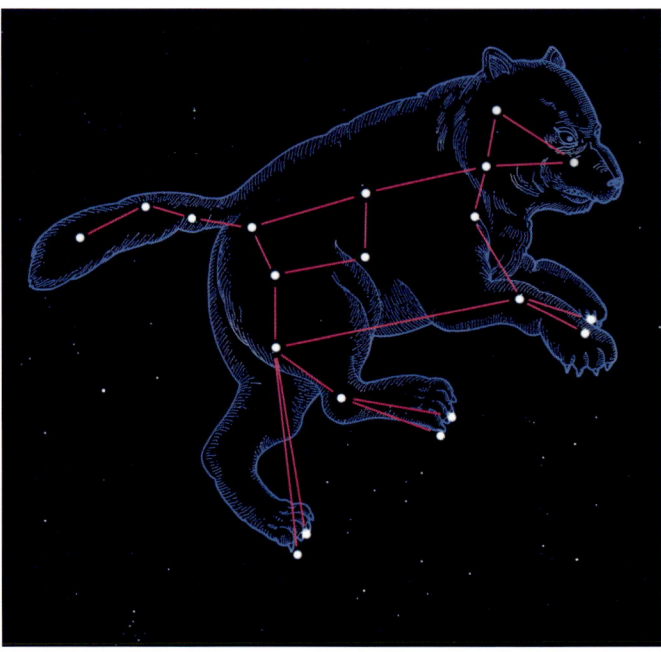

Das Sternbild Große Bärin, so wie es früher veranschaulicht wurde. Der Schwanz und der Körper wird vom Großen Wagen gebildet.

Tipp: Verlängern Sie die hintere »Wagenkante« des Großen Wagen um etwa das 5fache, gelangen Sie zum Polarstern. Die Nordrichtung finden Sie dann ganz einfach, indem Sie eine senkrechte Linie von Polaris zum Horizont ziehen.

Großer und Kleiner Wagen bilden eine natürliche Uhr zur Bestimmung der *Sternzeit* an Ihrem Standort. Im Zentrum des Zifferblatts befindet sich Polaris. Der Stundenzeiger ist die gedachte Verbindungslinie von Polaris und den beiden hinteren Sternen des »Kastens«. Die Grafik zeigt den Himmel am 7. März gegen Mitternacht, jetzt zeigt auch die Sternbilduhr genau 0 Uhr Sternzeit an. Mit ein wenig Kopfrechnen können Sie ebenfalls unsere »übliche« Uhrzeit bestimmen. Jede Woche geht die Sternzeit gegenüber unserer alltäglichen Zeitrechnung ½ Stunde vor. Zeigt die Sternbilduhr einen Monat später 0 Uhr Sternzeit an, ist unsere Uhrzeit erst bei 22 Uhr angelangt. Einen weiteren Monat später sind es schon 4 Stunden Differenz.

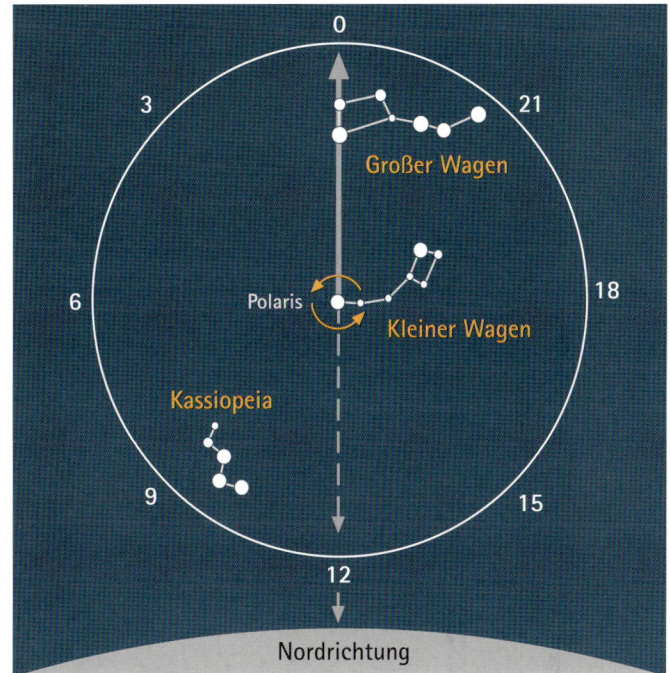

eines Kalenders zur Bestimmung der Zeiten für Aussaat und Ernte und Seefahrer nutzten sie zur Navigation.

Die Namen unserer Sternbilder

Vor etwa 4000 Jahren benannten die Babylonier die ersten *Tierkreissternbilder*. Der griechische Astronom Ptolemäus verfasste um 150 n. Chr. einen Katalog der Sternbilder, hauptsächlich mit Figuren aus der griechischen Mythologie. Diese Sternbilder wurden von arabischen und später von europäischen Astronomen übernommen. Im Laufe der Zeit wurden immer wieder neue Konstellationen hinzugefügt und auch verworfen. Ab dem 17. Jahrhundert kamen durch die Entdeckungen der Seefahrt auch die »modernen« Sternbilder des Südhimmels hinzu. Nach dieser langen Reise durch die verschiedenen Epochen und Kulturen wurden die heute gültigen 88 Sternbilder des Nord- und Südhimmels erst 1930 in ihren Grenzen festgelegt.

Polaris oder Alpha UMi

Neben den Eigennamen werden die Sternbilder und die Sterne eines Sternbildes auch durch ein einfaches System gekennzeichnet: Das Sternbild wird mit drei Buchstaben aus seiner lateinischen Bezeichnung abgekürzt und der hellste Stern eines Sternbildes wird in der Regel mit dem ersten Buchstaben des griechischen Alphabets, der zweithellste mit dem zweiten Buchstaben usw. gekennzeichnet. Der hellste Stern der Kleinen Bärin, Polaris, wird somit auch Alpha Ursa Minoris oder Alpha UMi benannt. Diese Abkürzungen sind international gültig.

29 Die drehbare Sternkarte: alle Sternbilder im Griff

Eine drehbare Sternkarte ist relativ klein undund sehr flach. Mit ihr sind Sie in der Lage sich zu jeder Stunde des Jahres schnell ein Bild des Sternhimmels über Ihnen zu machen und die Auf- und Untergangszeiten von beliebigen Gestirnen zu bestimmen.

Zwei Ringe sie zu finden

Eine solche Sternkarte besteht in der Regel aus zwei einzelnen Scheiben, dem Grundblatt und einem Deckblatt. Diese sind im Zentrum zusammengenietet, so dass sie sich gegeneinander drehen lassen. An der Außenkante des Grundblatts befindet sich der Datumsring mit einer Skala für den Monat und den Tag sowie manchmal eine Skala für die *Rektaszension*. An der Außenkante des Deckblatts finden Sie den Uhrzeitring mit einer Einteilung von 24 Stunden, üblicherweise unterteilt in 5-Minutenschritte.

Die richtige Zeit...

Was Sie noch benötigen, ist ein dunkler Sternhimmel und eine Taschenlampe mit Rotlicht zum Ablesen der Karte. Drehen Sie die äußere Scheibe so, dass die momentane Uhrzeit mit dem aktuellen Datum übereinstimmt. (Korrekter ist es, die *mittlere Ortszeit (MOZ)* einzustellen, die von der *Mitteleuropäischen Zeit (MEZ)* abweicht, wenn sich Ihr Beobachtungsort nicht auf dem 15. Längengrad befindet. So geht die MOZ für westlich davon liegende Orte pro *Längengrad* 4 Minuten nach).

Tipp: Damit Sie auch die Auf- und Untergangszeiten der Planeten bestimmen können, markieren Sie deren aktuelle Position mit einem abwaschbaren Stift auf der Sternkarte. Die Planetenpositionen finden Sie z.B. in einem astronomischen *Jahrbuch*.

...die richtige Richtung...

Jetzt ist die Karte so eingestellt, dass der in etwa kreisförmige Ausschnitt des Deckblatts den Sternhimmel über Ihnen anzeigt. Die Begrenzung des Ausschnitts zeigt die Horizontlinie um Ihren Standort an. Nun müssen Sie nur noch die Karte in die richtige *Himmelsrichtung* drehen: An der Horizontlinie sind dafür die verschiedenen Himmelsrichtungen verzeichnet. Drehen Sie sich in Richtung Süden und halten Sie die Karte mit der Südrichtung nach unten zum Sternhimmel. Vielleicht setzen Sie sich auf einen Liegestuhl mit der Karte zum Himmel gerichtet. Wenn Sie sich noch gar nicht am Himmel auskennen, ist zusätzlich ein Kompass zur Bestimmung der Himmelsrichtungen sinnvoll.

...die richtigen Sterne...

Identifizieren Sie zunächst einzelne helle Sterne. Diejenigen, die sich auf der Karte nahe der Horizontlinie befinden, stehen am Himmel nahe dem Horizont und Sterne in Kartenmitte stehen genau über Ihnen im *Zenit*. Der Polarstern und damit der *Himmelspol* befindet sich an der Stelle, an der die Scheiben zusammengenietet sind. Nachdem die hellsten Sterne bestimmt sind, versuchen Sie diese zu Sternbildern zu ergänzen. Das ist zuerst nicht ganz einfach, sind jedoch ein oder zwei Sternbilder erkannt, stellt sich weiterer Erfolg schnell ein. Übergehen Sie dabei zunächst Sternbilder, die nahe am Rand liegen, da diese durch die Eigenart der Kartendarstellung verzerrt und auseinander gezogen erscheinen. Der Große Wagen z.B. ist jedoch das ganze Jahr über sichtbar und einfach zu erkennen.

…und die richtige Zeit

Die Auf- und Untergangszeit eines bestimmten Sterns, Sternbilds oder *Deep-Sky-Objektes*, welches auf der Karte verzeichnet ist, können Sie ebenfalls einfach bestimmen. Sie müssen lediglich das Objekt auf die Horizontlinie stellen, das aktuelle Datum auf dem Datumsring finden und die dann die Zeit am Uhrzeitring ablesen.

Abschnitt für Abschnitt

Da man nie den Himmel im Ganzen überblicken kann, müssen Sie mit der Erkundung der anderen Himmelsrichtungen abschnittsweise vorgehen. Möchten Sie z.B. als nächstes in Richtung Osten schauen, halten Sie die Karte so, dass jetzt die Markierung »Ost« nach unten zeigt. Bei den anderen Himmelsrichtungen gehen Sie entsprechend vor. So ergibt sich für jede Richtung ein bogenförmiger Ausschnitt bis in Zenithöhe, der gut überschaubar ist.

Ein neuer Stern

Die *Planeten* des Sonnensystems sind auf einer drehbaren Sternkarte nicht verzeichnet, da sich ihre Positionen gegenüber den Sternen mit der Zeit ändern. Es kann also vorkommen, dass ein Sternbild ganz anders aussieht, weil plötzlich ein weiterer heller »Stern« sichtbar ist. Sollte dieser nahe der *Ekliptik* liegen, ist es mit großer Wahrscheinlichkeit ein Planet.

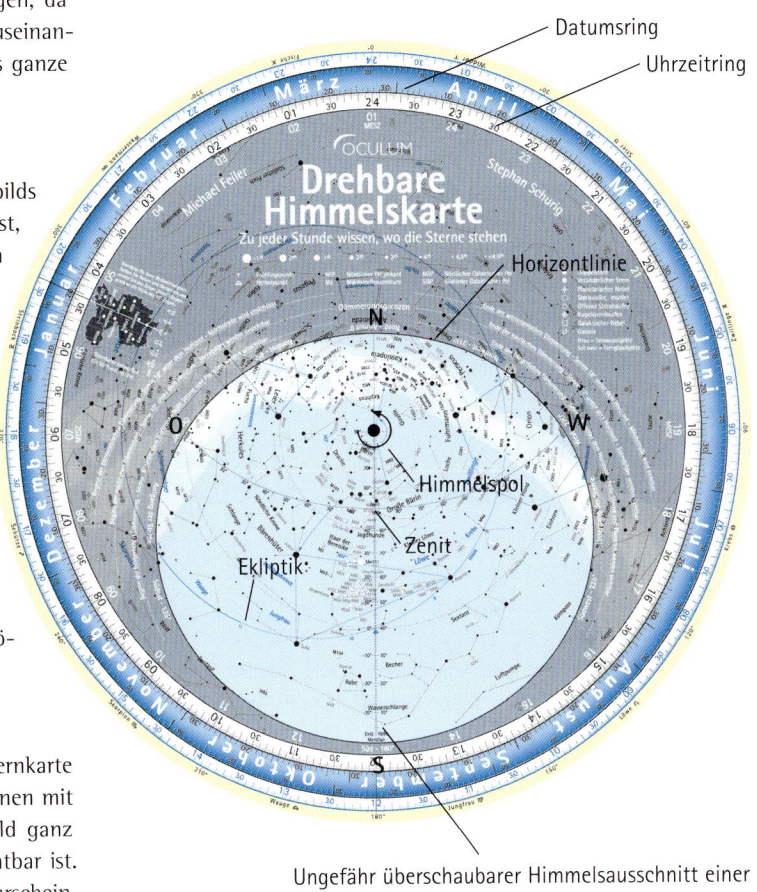

Datumsring

Uhrzeitring

Horizontlinie

Himmelspol

Zenit

Ekliptik

Ungefähr überschaubarer Himmelsausschnitt einer Himmelsrichtung, hier z.B. in Südrichtung

30 Wie groß sind die Sternbilder am Himmel?

Abstände am Firmament sind nicht leicht abzuschätzen, besonders wenn man gerade erst mit der Erkundung der Himmelslandschaft beginnt. Auch die Größen der Sternbilder werden schnell unterschätzt. Ein typisches Beispiel ist das den Winterhimmel dominierende Sternbild Orion. Viele Beobachter sind beim ersten Anblick des großen Himmelsjägers von dessen Dimension überrascht und haben eine viel kleinere Sternkonstellation erwartet.

Den Himmel messen

Am Himmel werden Abstände in den Einheiten *Bogengrad* (°), *Bogenminuten* (') und *Bogensekunden* (") angegeben. Ein Bogen-Grad (1°) entspricht dabei 60 Bogenminuten (60') und eine Bogenminute (1') sind 60 Bogensekunden (60"). Wenn Sie eine vollständige Drehung um sich selbst machen, beschreiben Sie einen Kreis von 360°. Man kann auch sagen, die Horizontlinie umfasst 360°.
Eine weitere einfach zu erfassende Größe ist der Winkelabstand von der Horizontlinie zum Zenit, dem Punkt am Himmel, der exakt über Ihnen liegt: das sind 90°. Verlängert man diese Linie über den *Zenit* hinaus bis wieder die Horizontlinie erreicht wird, beschreibt dieser Abstand 180° – genau die Hälfte eines vollständigen Kreises.

Gar nicht so einfach

Da außer dem Horizont und dem Zenit weitere Bezugspunkte fehlen, sind kleinere Winkelabstände am Himmel nicht so einfach abschätzbar. Somit können Angaben wie z.B. »Jupiter erreicht in der *Opposition* maximal eine Höhe von 30° über dem Horizont« oder »Mars zieht in

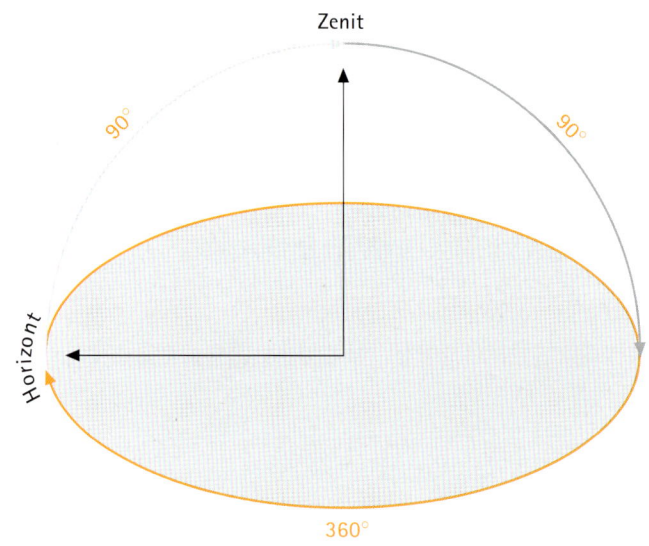

nur 3° Abstand an den Plejaden vorbei« nur schwer mit einer konkreten Vorstellung des Geschehens gefüllt werden.

Handarbeit

Ihre eigene Hand schafft dabei leicht Abhilfe! Denn mit ihr haben Sie ein natürliches Messinstrument, mit dem Winkelentfernungen abschätzbar sind und das jederzeit einsatzbereit ist. Zum Beispiel ist Ihre geschlossene Faust in einer Armlänge Abstand etwa 10° »breit«. Das gilt für jeden Menschen, egal ob groß, klein, Jugendlicher oder Erwachsener. Die Proportionen sind ungefähr gleich und wachsen mit dem Älterwerden. Verschiedene Finger und Handstellungen bieten eine ausreichende Anzahl verschiedener Winkelgrößen.

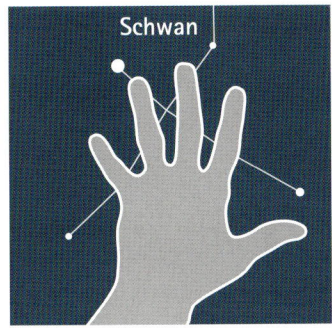

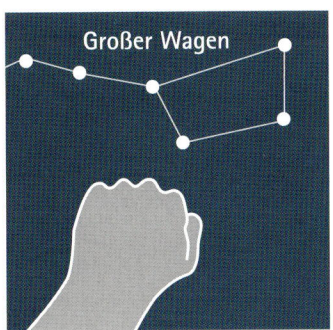

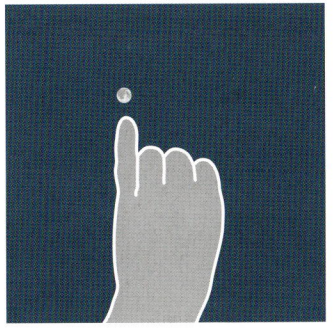

Der Abstand von Ihrem Daumen bis zum kleinen Finger beträgt etwa 20°.

Ihre Faust hat bei ausgestrecktem Arm eine Breite von ungefähr 10°.

Der Daumen Ihrer Hand bedeckt eine Strecke von etwa 2°.

Der kleine Finger misst nur circa 1°, etwa doppelt so viel wie der Vollmond.

Wie lang ist der Große Wagen?

Auch bei den Sternbildern leistet die Hand wertvolle Dienste. Sternkarten stellen einen mehr oder weniger großen Himmelsausschnitt auf einer relativ kleinen Fläche dar. Das macht es schwierig, die realen Größen der Sternbilder am Himmel zu bestimmen. Zum Glück gibt es einige Sternbilder, die wie geschaffen für Ihre Hand sind. Haben Sie einmal deren wirkliche Größe kennen gelernt, ist auch die Größe der verbleibenden Sternbilder leicht fassbar. Ein gutes Beispiel dafür ist der Große Wagen: Ihre geschlossene Faust bedeckt recht genau die Fläche seines Kastens.

Tipp: Die verschiedenen Jahreszeiten zeigen bekannte Sternbilder, die leicht mit der Hand »messbar« sind:

- Frühjahr: Ihre geschlossene Faust bedeckt fast genau den Kasten des Großen Wagen
- Sommer: Das Sternbild Schwan misst vom Schwanz (Deneb) bis zum Schnabel (Albireo) etwa 20° und passt zwischen Daumen und kleinen Finger
- Herbst: Die Kassiopeia, das »Himmels-W« ist ebenfalls etwa so groß wie Ihre geschlossene Faust
- Winter: Wie der Schwan misst der Orion von Kopf bis Fuß ungefähr 20°

31 Die großen Sternmuster: schnelle Orientierung am Nachthimmel

Für den ungeübten Beobachter kann es eine Herausforderung sein, die *Sternbilder* im Gewimmel des Nachthimmels zu identifizieren. Besonders wenn der helle Stadthimmel nur die hellsten Sterne zeigt oder im umgekehrten Fall, wenn der Himmel am Standort sehr dunkel ist und mehr Sterne sichtbar sind, als auf einer Sternkarte verzeichnet.

Weniger ist mehr

Jetzt gilt es, sich auf das Wesentliche zu konzentrieren und geschickt die »Schnellstraßen« des Nachthimmels zu nutzen: Einige Sternbilder sind derart angeordnet, dass sie sich gut als Wegweiser zu anderen Sternbildern eignen und einige helle Sterne lassen sich zu großen Mustern zusammenfassen.

Folge dem Bogen der Deichsel...

Dieser Merkspruch ist eine gute Hilfestellung am Frühlingshimmel. Im Zenit sehen Sie jetzt abends den Großen Wagen. Verlängern Sie in Ihrer Vorstellung den Bogen der Deichsel in Richtung Horizont, treffen Sie nach ungefähr der doppelten Deichsellänge auf den hellsten Stern im Himmelsareal: Arktur im Sternbild Bärenhüter. Im weiteren Verlauf des »Bogens« finden Sie nach etwa der gleichen Distanz einen weiteren hellen Stern, Spika in der Jungfrau.

Dreieck die Erste

Mit Arktur und Spika haben Sie schon zwei Ecken des großen Frühlingsdreiecks beisammen. Zur Vervollständigung fehlt jetzt nur noch Regulus im Löwen, der mit den beiden Sternen das große Dreieck bil-

det. Die Verbindungslinie der beiden vorderen Kastensterne des Großen Wagen zeigt zum Horizont verlängert auf Regulus.

Dreieck die Zweite

Wega, der dritthellste Stern am Nordhimmel, ist ein idealer Startpunkt im Sommer. Mit dem etwas schwächer leuchtenden Deneb – dem Schwanz des Schwans – und Atair im Adler formieren sich die drei Sterne zum Sommerdreieck. Folgen Sie der Flugrichtung des Schwans, finden Sie tief am Südhorizont den hell-rötlich leuchtenden Antares im Skorpion.

Sommer

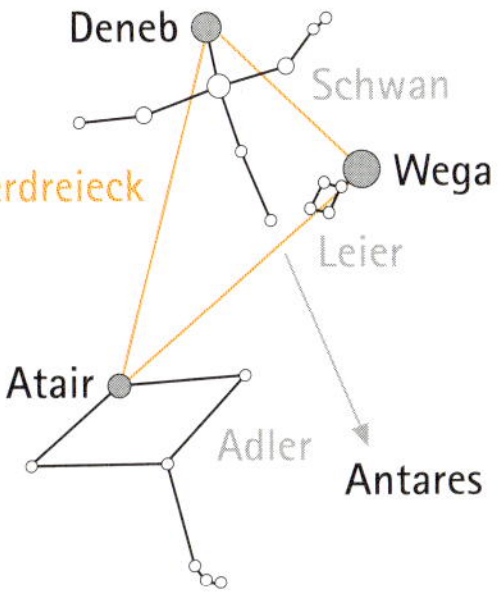

Deneb
Schwan
Wega
Sommerdreieck
Leier
Atair
Adler
Antares

Herbst

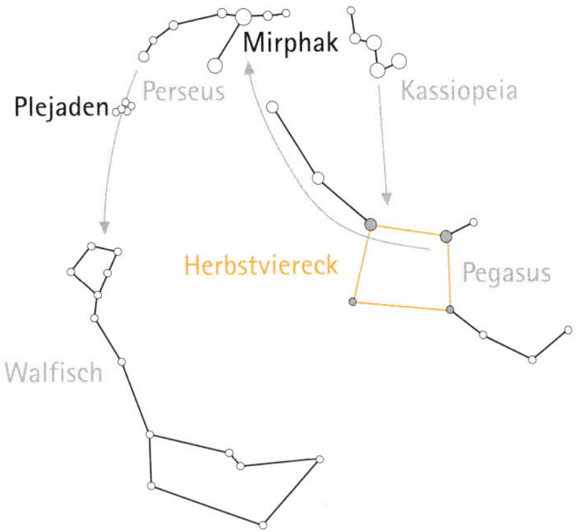

Mirphak
Plejaden
Perseus
Kassiopeia
Herbstviereck
Pegasus
Walfisch

Winter

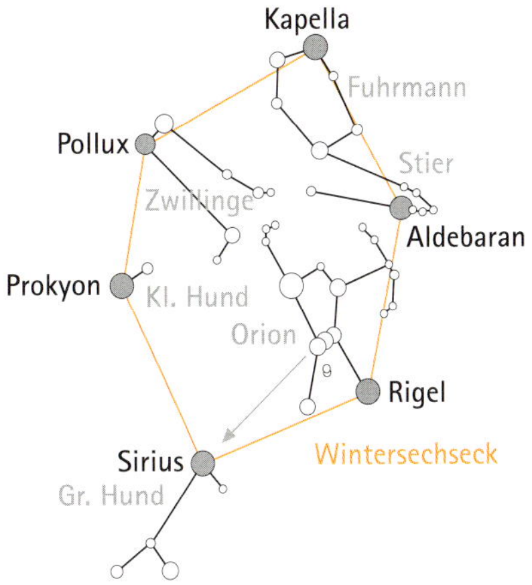

Kapella
Fuhrmann
Pollux
Stier
Zwillinge
Aldebaran
Prokyon
Kl. Hund
Orion
θ
Rigel
Sirius
Wintersechseck
Gr. Hund

Vis-a-vis

Das markante Sternbild des Herbstes ist die Kassiopeia. Sie steht genau gegenüber dem Großen Wagen mit Polaris in ihrer Mitte. Der Herbst bietet außerdem das Herbstviereck, welches aus den Hauptsternen des Sternbilds Pegasus besteht. Ausgehend von Pegasus weist eine Kette von vier gleich hellen Sternen in Richtung Osten zu Mirphak im Perseus. Dort teilt sich das Sternbild in zwei Schenkel. Folgen Sie der linken, etwas gebogen Sternkette, treffen Sie bald auf die Plejaden und etwas später auf den unscheinbaren Kopf des Walfisches.

Sixpack im Winter

Der Winter zeigt den Orion, ein großes Sternenrechteck, das durch ein Linie aus drei Sternen, den so genannten Gürtelsternen in der Mitte geteilt wird. Von dort aus in Richtung Südosten ist Sirius, der hellste Stern am Himmel, nicht zu übersehen. Sirius gehört zum größten Sternmuster, dem Wintersechseck. Dies wird durch Prokyon im Kleinen Hund, Pollux in den Zwillingen, Kapella im Fuhrmann, Aldebaran im Stier und Rigel im Orion komplettiert. Das Sternmuster ist sehr groß und reicht fast bis in den Zenit.

32 Wird es klar heute Abend?

Diese Frage wird Sie noch oft beschäftigen, wenn Sie auf eine lang ersehnte Beobachtungsnacht hoffen, denn die Wetterbedingungen im deutschsprachigen Raum sind für die Astronomie leider alles andere als optimal. Aber was heißt eigentlich klar? – und gibt es vielleicht bereits tagsüber Anzeichen, die auf die Qualität der kommenden Nacht schließen lassen?

Klar ist nicht gleich klar

An erster Stelle benötigen Sie natürlich einen wolkenlosen Himmel, der den Blick auf die Sterne freigibt. Aber ob dieser auch wirklich klar ist, hängt davon ab, wie viel Feuchtigkeit und Staub in der Atmosphäre sind, die das Licht streuen und den Himmel dunstig und trübe erscheinen lassen. Die Durchsicht oder *Transparenz* ist nur bei bestimmten Wetterlagen besonders gut.

Tief und Kalt

Mit kristallklaren Nächten ist fast immer nach dem Durchzug eines Tiefdruckgebietes zu rechnen. Wind, Regen und die trockene Luft hinter einer Kaltfront beseitigen in der Regel Staub, Dunst und Luftfeuchtigkeit in der Atmosphäre. In der ersten und zweiten Nacht nach dem Durchzug des Tiefs sollten Sie auf jeden Fall ihr Teleskop bereithalten, denn jetzt ist die Zeit für die Beobachtung lichtschwacher Objekte wie Nebel und Galaxien. Ebenso sind die ersten Nächte einer Schönwetterperiode im Sommer meist noch sehr klar. Danach sammelt sich wieder vermehrt Staub in der trockenen Luft an.

Tagsüber gibt es einige leicht erkennbare Zeichen, die in der folgenden Nacht eine gute Transparenz erwarten lassen:

- der Himmel erscheint tagsüber bis in Horizontnähe blau und nicht weißlich aufgehellt
- der Sonnenuntergang ist eher unscheinbar, mit gelblich-weißer Sonne
- Kondensstreifen von Flugzeugen lösen sich innerhalb von Minuten auf

Nächtliche Unruhe

Neben der Transparenz beeinflussen insbesondere Turbulenzen in der Atmosphäre die Qualität einer Beobachtungsnacht. Diese als *Seeing* bezeichnete Luftunruhe bewirkt, dass das Abbild eines Sterns oder Planeten in kleinen Teleskopen bis etwa 100mm Öffnung hin und her wabert und in größeren Teleskopen kaum mehr scharf zu erkennen ist.

Des einen Freund, des anderen Feind

Was für die Transparenz noch gut war, ist für das Seeing schlecht: Wind. Die Luft im Rücken einer Kaltfront ist sehr turbulent. Schauen Sie einmal genau auf die Sterne, sie werden meistens flackern. Diese *Szintillation* ist ein Anzeiger für große Luftunruhe. Flimmern die Sterne in größerer Höhe über dem Horizont nur wenig oder gar nicht, ist eine gute Nacht für die Jagd auf Planeten oder Doppelsterne angesagt. Denn jetzt ist es möglich, hohe Vergrößerungen einzusetzen und die Grenzen Ihres Teleskops auszuloten. Generell ist nahe dem Horizont das Seeing schlechter als im Zenit. Darüber hinaus gibt es auch einen Tagesgang des Seeings: Kurz vor Sonnenuntergang ist die Luftunruhe am kleinsten, nimmt bis Mitternacht zu und danach wieder ab, um dann mit dem Aufsteigen der Sonne wieder zuzunehmen.

Anzeichen für gutes Seeing:

- wenig Wind oder Windstille
- keine Szintillation der Sterne in größerer Höhe über dem Horizont
- stabile Wetterlagen mit Hochdruck während des Sommers und im Winter, besonders in etwas nebligen Nächten

Digitales Wetter

Das Internet bietet die Möglichkeit, sich lückenlos über die Wetterentwicklung auf dem Laufenden zu halten. Einige Anregungen für eigene Recherchen finden Sie bei folgenden Seiten:

- imkpc20.physik.uni-karlsruhe.de/preview.html (mit lokaler Seeingvoraussage)
- www.meteoblue.com
- www.donnerwetter.de (mit 2-Stunden Vorhersage in Echtzeit)

Tipp: Das Wetter können Sie nicht verändern, aber »lokales« Seeing mit einigen wenigen Maßnahmen minimieren:

- lassen Sie das Teleskop (besonders im Winter) vor Beobachtungsbeginn mindestens eine Stunde lang auskühlen, besonders wenn es im Haus aufbewahrt wird
- beobachten Sie Objekte möglichst in Zenitnähe
- vermeiden Sie zum Aufstellen des Teleskops Flächen, die nachts noch Wärme abstrahlen, wie Steinflächen, Beton oder Asphalt, besser ist Gras oder Erdboden
- beobachten Sie nicht über nah stehende Häuser hinweg, besonders im Winter steigt von diesen Wärme auf

Mit der Antonialdi-Skala ist es möglich die Qualität des Seeings in fünf Stufen einzuordnen:

Seeingqualität	Häufigkeit	max. Vergrößerung
1: sehr gutes Seeing scharfes Bild ohne jegliche Bildunruhe	etwa 5 Nächte im Jahr	2fache Öffnung in mm
2: gutes Seeing langsames Flimmern mit sekundenlangen ruhigen Bildern	etwa 5 Nächte im Monat	1,5fache Öffnung in mm
3: mittelmäßiges Seeing deutlich schnelles Flimmern, ruhiges Bild nur in Augenblicken	etwa 10 Nächte im Monat	1fache Öffnung in mm
4: schlechtes Seeing ständiges Flimmern und unscharfes Bild	etwa 10 Nächte im Monat	Beobachtung nicht sinnvoll
5: sehr schlechtes Seeing ständig stark waberndes unscharfes Bild ohne jegliche Details	restliche Nächte	Beobachtung nicht sinnvoll

- Wenn Sie bei mittelmäßigem Seeing beobachten, versuchen Sie nicht ständig die Schärfe zu korrigieren, sondern warten geduldig die Momente ab, in denen die Luft ruhig und das Bild scharf ist.
- Ein Teleskop mit großer Öffnung ab etwa 200mm wird vom Seeing stärker beeinträchtigt als ein Teleskop mit kleinerer Öffnung und kann daher seltener genutzt werden.

33 Ein optimaler Beobachtungsplatz

Für die erfolgreiche Beobachtung von lichtschwachen Himmelsobjekten wie z.B. Galaxien, Nebel und Kometen gibt es eine elementare Voraussetzung: ein dunkler Nachthimmel. Diese Ziele erscheinen umso heller und kontrastreicher, je dunkler der Himmelshintergrund ist. Auch schwache punktförmige Objekte wie Sterne, Asteroiden oder die winzigen Lichtpunkte der Saturnmonde werden an einem dunklen Standort besser sichtbar. Selbst bei einer Planetenbeobachtung kann helles Licht bei der Erkennung von feinen Details sehr stören. Welche Merkmale sollte also ein guter Beobachtungsplatz haben und wie können Sie einen solchen Standort finden?

Vorspiel

Wirklich gute Beobachtungsbedingungen findet man auf Grund der zunehmenden *Lichtverschmutzung* in Deutschland nur noch relativ weit außerhalb der Städte, da Industrieanlagen, Straßenbeleuchtung, Flutlichtanlagen und Leuchtreklamen den Nachthimmel stark aufhellen. Verwenden Sie eine gute Straßenkarte oder besser eine topografische Karte mit kleinem Maßstab zur ersten Orientierung und achten Sie bei der Wahl des Standortes auf eine Entfernung von gut 30–50km Abstand zu größeren Städten und Ballungszentren. Nur dort erscheinen die Lichtkegel der Städte so schwach, dass die entsprechende Himmelsrichtung wenig aufgehellt ist. Aber auch kleine Gemeinden und Dörfer in der Nähe können den Nachthimmel empfindlich aufhellen und sollten wenn möglich im Umkreis von einigen Kilometern gemieden werden. Von vornherein auszuschließen sind ebenfalls Plätze, die in engen Tälern liegen oder von Bergen und Hügeln eingeschlossen sind und so die Horizontsicht stark einschränken. Als Alternative zu

gedruckten Karten bietet das Internet heute Anwendungen wie z.B. GoogleEarth, die fast jeden Punkt der Erde in teilweise sehr hoher Auslösung als Satellitenaufnahme zeigen und ebenfalls bei der Vorauswahl geeigneter Plätze hilfreich sind.

Generalprobe im Hellen

Als nächstes sollten Sie einen Ausflug bei Tage zu den möglichen Beobachtungsplätzen einplanen. Dabei lernen Sie am besten die noch unbekannte Fahrtstrecke kennen und die Bedingungen vor Ort einzuschätzen. Achten Sie auf Zufahrtswege, die auch nach Regen oder bei Schnee befahrbar sein sollten! Wenn jetzt die Horizontsicht, besonders in Richtung Süden, dort wo die Sterne ihre höchste Stellung über dem Horizont erreichen, relativ frei ist, haben Sie einen möglichen Beobachtungsplatz entdeckt.

Checkliste Beobachtungstandort

- Ausreichend Abstand zu großen Städten und Ballungszentren
- keine sichtbaren Lichtquellen wie Laternen, Autoscheinwerfer oder Skybeamer
- Zufahrtswege, die auch im Winter oder nach Regen befahrbar sind
- freier Horizontblick, besonders in Südrichtung
- hell und strukturiert sichtbare Milchstraße

Premiere im Dunkeln

Wirklich grünes Licht für Ihren Platz können Sie allerdings erst bei der Sichtung während einer sternklaren Nacht mit guter *Transparenz* des Himmels geben. Denn jetzt macht sich eine Lichtverschmutzung durch Städte und Ortschaften, Skybeamer – auffällige, sich meistens bewegende Lichtbündel, die an den Himmel projiziert werden – direkt sichtbare Straßenlaternen und Blendung durch vorbeifahrende Autos bemerkbar. Testen Sie den Platz am besten an einem Wochenende, dann sind oft auch nachts die Nebenstrecken befahren und die Lichtreklamen der Diskotheken eingeschaltet. Achten Sie hier wieder besonders auf den Südhorizont.

Da Capo

Wenn sich jetzt noch die Milchtraße als ein reich strukturiertes Band darstellt, das den Himmel als durchgängiges Leuchten überspannt und fast bis zum Horizont reicht, haben Sie einen Volltreffer gelandet, denn solche Plätze sind rar gesät.

Doppelte Freude

Sie können sich außerdem bei einer Sternwarte in Ihrer Nähe nach geeigneten Beobachtungsmöglichkeiten erkundigen, vielleicht finden Sie auch eine Gruppe von Gleichgesinnten, die sicher gerne ihren Platz mit Ihnen zusammen nutzen werden. Denn gemeinsam beobachten macht gleich doppelt Spaß!

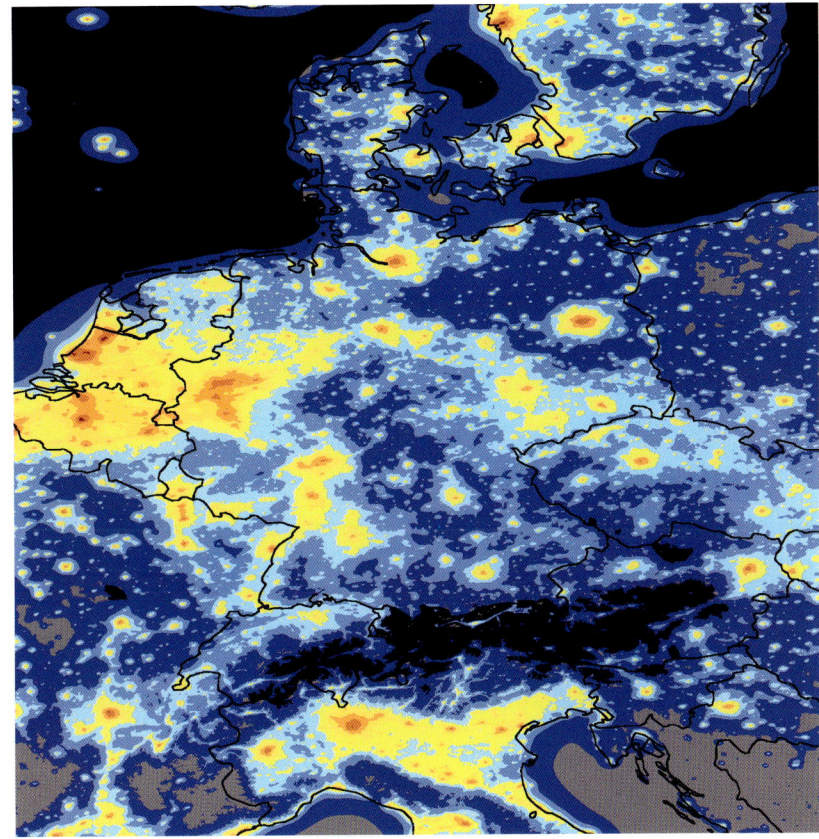

Übersichtskarte der Lichtverschmutzung im deutschsprachigen Raum: orange und gelbe Flächen zeigen eine starke Lichtverschmutzung an, blaue und besonders schwarze Flächen dagegen sind weniger belastet. Deutlich sind die Ballungszentren erkennbar.

34 Wie hell sind die Sterne – wie dunkel ist der Himmel?

Zur Bestimmung der Helligkeit der Sterne hat uns der griechische Astronom Hipparch schon im 2. Jahrhundert vor Christus ein wenig Arbeit abgenommen. Er legte fest, dass die hellsten mit dem bloßen Auge sichtbaren Sterne am Himmel die *Größenklasse* 1 erhalten und die schwächsten, gerade noch erkennbaren Sterne, die Größenklasse 6. Diese *scheinbare Helligkeit* gibt die Helligkeit an, mit der uns ein Stern am Himmel erscheint: Er kann z.B. ganz nah und leuchtschwach oder auch weit entfernt und leuchtkräftig sein. Die *absolute Helligkeit* hingegen ist ein Maß für die vom Stern pro Sekunde abgestrahlte Energie und gibt die scheinbare Helligkeit eines Sterns an, würden wir diese aus der Standardentfernung von 10 *Parsec* sehen.

Logisch im Rhythmus

Die Größenklassen werden mit dem Kürzel »mag« oder einem hochgestellten ^{m} (von lat. Magnitudo) abgekürzt. Je kleiner die Größenklasse, desto heller erscheint ein Stern. Der Unterschied einer Größenklasse zur nächsten beträgt dabei jeweils etwa das 2,5fache der vom Stern abgegebenen Strahlung. Ein 6^m Stern ist somit ungefähr 100-mal schwächer als ein 1^m-Stern. Diese logarithmische Skalierung entspricht der Wahrnehmung unserer Augen. Mit der Erfindung des Teleskops wurden die Grenze der Wahrnehmung und damit auch die Skala der Größenklassen erweitert. Heute können wir mit den größten Teleskopen Sterne bis zur 31. Größenklasse fotografieren. Das andere Ende der Skala bildet die Sonne, mit einer Helligkeit von -26^m7.

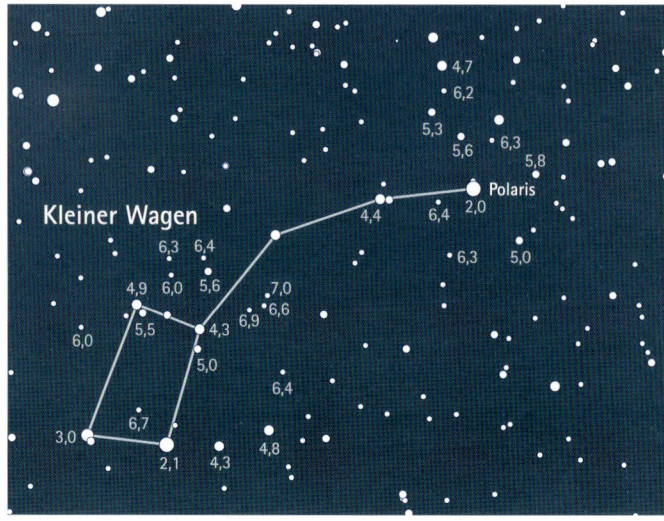

Tipp: Ein gutes Übungsareal für die fst-Bestimmung bietet die so genannte »Polsequenz«. Die Sterne um den Kleinen Wagen herum zeigen eine Vielzahl von Sternhelligkeiten und sind das ganze Jahr über sichtbar. Versuchen Sie doch einmal an Ihrem Standort in mondlosen Nächten den lichtschwächsten Stern zu bestimmen. Um das Auge von direktem störendem Licht wie Laternen, Hausbeleuchtung etc. zu schützen, können Sie zum Beispiel die kleine Papprröhre verwenden, die sich in einer Toilettenpapierrolle befindet und halten diese bei der Suche wie ein kleines Fernrohr vor Ihr Auge.

Sag mir wie viel Sternlein stehen...

Je dunkler der Himmel an einem Standort ist, desto mehr Sterne können Sie sehen. Im Zentrum einer typischen Großstadt z.B. sind nur etwa 35 Sterne bis ungefähr 2^m sichtbar. Ein sehr dunkler Landhimmel mit $6{,}^m5$ dagegen ist schon mit über 6000 Sternen übersät. Mit der Grenzgrößenbestimmung (faintest star-Bestimmung – fst), also der Bestimmung des schwächsten mit dem bloßen Auge sichtbaren Sterns, werden verschiedene Standorte und Beobachtungsbedingungen miteinander vergleichbar. Dabei suchen Sie in einem begrenzten Himmelsareal, zum Beispiel dem Zenit oder in der Umgebung Ihres Beobachtungsobjektes, den schwächsten gerade noch erkennbaren Stern und bestimmen dessen Helligkeit mit Hilfe eines Atlas oder einer speziellen Aufsuchkarte. Die Größenklasse dieses Sterns bestimmt folglich die *Grenzgröße* zur Zeit der Beobachtung.

Klasse Himmel

Eine alternative Methode zur Beurteilung des Himmels an einem Standort ist die so genannte *Bortle-Skala*. Diese unterteilt die Himmelsqualität in neun Stufen. Als Vergleich zu dieser Einteilung sind in der Tabelle die ungefähren Grenzgrößen und die mit dem bloßen Auge sichtbaren Sterne dargestellt. In Deutschland ist ein Himmel der ersten und zweiten Klasse praktisch nicht zu finden. Lediglich im alpinen Hochgebirge kann in Ausnahmenächten die Stufe 2 erreicht werden.

Bortle-Skala			
Stufe	Beschreibung	Grenzgröße	Zahl der sichtbaren Sterne
Stufe 1	Milchstraße wirft sichtbare Schatten	ca. $7{,}^m5$	ca. 25000
Stufe 2	Milchstraße sehr komplex, Wolken wirken wie schwarze Flecken	ca. $7{,}^m0$	ca. 13000
Stufe 3	Milchstraße stark strukturiert, leichte Lichtverschmutzung am Horizont	ca. $6{,}^m5$	ca. 8100
Stufe 4	Milchstraße strukturiert, Lichtverschmutzung in Horizontnähe, M 13 sichtbar	ca. $6{,}^m0$	ca. 5000
Stufe 5	Milchstraße im Zenit sichtbar, M 31 sichtbar	ca. $5{,}^m5$	ca. 3000
Stufe 6	Himmel leicht erleuchtet, im Zenitbereich deutlich dunkler, M 44 sichtbar	ca. $4{,}^m5$	ca. 900
Stufe 7	Himmel erleuchtet, kleiner Sternbilder bleiben unsichtbar	ca. $4{,}^m0$	ca. 350
Stufe 8	Himmel stark erleuchtet, M 45 sichtbar	ca. $3{,}^m5$	ca. 200
Stufe 9	Himmel hell erleuchtet, nur die hellsten Sterne sichtbar	ca. $2{,}^m0$	ca. 35

35 Wie finde ich Himmelsobjekte mit dem Teleskop?

Das Aufspüren selbst anspruchsvoller Himmelsobjekte wie Galaxien, lichtschwacher Kometen oder Asteroiden ist im Prinzip nicht schwer, wenn Sie anfangs systematisch vorgehen. Später können Sie sogar ein so »trainiertes« Objekt leicht ohne die Hilfe einer Sternkarte finden. Ein planloses »herumstochern« am Nachthimmel verspricht allerdings nur Frust! Am Beispiel der Feuerrad-*Galaxie* M 101 im Großen Wagen können Sie ein erfolgreiches Auffinden Schritt für Schritt leicht nachvollziehen:

1. Schritt: Ein guter Startpunkt

Auf einer Sternkarte finden Sie M 101 nahe des *Doppelsterns* Alkor und Mizar in der Deichsel des Großen Wagens verzeichnet. Die beiden Sterne eignen sich gut dafür, da sie in einer überschaubaren Entfernung zum Ziel liegen und leicht mit dem bloßen Auge sichtbar sind. Peilen Sie mit dem Sucherfernrohr das Paar an und positionieren es im Zentrum des Fadenkreuzes. Liegt das gesuchte *Deep-Sky-Objekt* in einem Gebiet mit nur sehr schwachen oder gar keinen sichtbaren Sternen ist ein zusätzlicher *Leuchtpunktsucher* von Vorteil: Versuchen Sie dann, einen Bezug zu in der Umgebung stehenden hellen Sternen in Form von geometrischen Mustern, wie z.B. einem Dreieck zu bilden. Stellen Sie sich vor, dass Ihr Ziel auf einem Punkt dieser imaginären Verbindungslinien liegt und visieren diesen an.

2. Schritt: Star-Hopping, die Königsdisziplin

Jetzt kommt eine Methode ins Spiel, die als *Star-Hopping* bezeichnet wird: Dabei »hangeln« Sie sich von Stern zu Stern bis hin zum ge-

Eine große Hilfe ist die Verwendung einer Schablone für Ihren Atlas, die das tatsächliche Gesichtsfeld Ihres Suchers und Ihrer Okulare zeigt – mit einem wasserfesten Filzstift und einer Klarsichtfolie ist das leicht gemacht. So ausgerüstet können Sie schnell den Ausschnitt am Himmel sehen, der auch im Okular oder dem Sucher sichtbar wird.

Das *tatsächliche Gesichtsfeld* eines Okulars errechnet sich, indem Sie das *scheinbare Gesichtsfeld* durch dieVergrößerung (V) teilen.

Beispiel: 50° : 30fach = 1,6° tatsächliches Gesichtsfeld

Ebenso können sie zur Beobachtungsvorbereitung zu Hause auffällige Muster zur Orientierung beim Star-Hopping auf der Karte einzeichnen. Damit solche Formen deutlicher erscheinen, kann es hilfreich sein, beim Betrachten der Karte die Augen etwas zusammen zu kneifen!

wünschten Objekt. Dafür benötigen Sie auf jeden Fall eine detaillierte Sternkarte oder einen Atlas.

- Finden Sie auf der Karte helle Sterne oder Sterne, die markante Muster bilden, wie Ketten, Paare, Vierecke oder Dreiecke. Im Falle von M 101 ist das eine Linie aus fünf Sonnen, die Sie fast bis ans Ziel führt.

- Versuchen Sie im Sucher den ersten Stern der Kette, die zu M 101 führt, zu identifizieren. Aber Achtung! Die Orientierung im Sucherfernrohr ist eventuell anders als auf der Karte, z.B. auf dem Kopf stehend oder seitenverkehrt. Drehen Sie den

Atlas dann so, dass er wenn möglich mit der Orientierung im Sucherfernrohr übereinstimmt.

- Ist der erste Stern sicher erkannt, »hüpfen« Sie zum nächsten Stern in der Kette, indem Sie immer wieder den Anblick im Okular mit dem in der Karte vergleichen. Am vierten Stern biegen Sie in Richtung Nordosten ab und sind dann nach einem weiteren Stern praktisch schon bei M 101 gelandet.

3. Schritt: Näher ran – vom Sucher zum Okular

Wenn Sie Glück haben, ist das Ziel jetzt schon durch das Sucherfernrohr zu sehen. Oftmals bleiben Deep-Sky-Objekte jedoch darin unsichtbar. Im Beispiel von M 101 ist das unter einem nicht optimal dunklen Himmel der Fall. Wechseln Sie jetzt zum Teleskop und verwenden Sie ein Okular mit einer geringen Vergrößerung und dem größten Gesichtsfeld. Und wieder aufgepasst! Denn die Orientierung im Okular kann wiederum anders sein als die Ausrichtung im Sucher. Vergleichen Sie deshalb den Anblick zwischen Sucher, Okular und Sternkarte ein weiteres mal sorgfältig, bis Sie sicher sind, alle Sterne identifiziert zu haben. Nun sollte die Galaxie als schwacher nebliger Fleck sichtbar sein – herzlichen Glückwunsch! Damit ist der Grundstein für weitere erfolgreiche Sternhüpfer gelegt. Jetzt können Sie sich in Ruhe an die optimale Vergrößerung herantasten.

Pech gehabt

Bleibt die Galaxie jedoch partout unsichtbar, überprüfen Sie noch einmal die korrekte Position anhand der Sternkette und ändern eventuell leicht die Ausrichtung des Teleskops. Wenn Sie sich komplett »verfahren« haben, beginnen Sie allerdings am besten noch einmal am Startpunkt, hier im Beispiel von M 101 bei Mizar und Alkor.

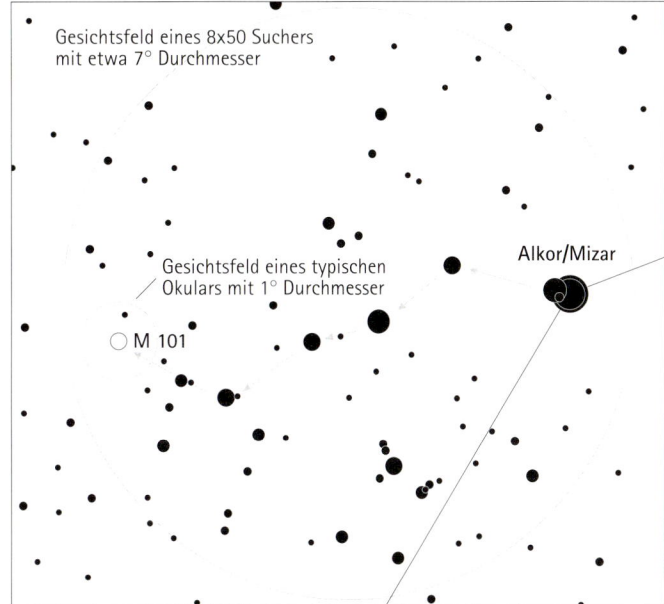

Gesichtsfeld eines 8x50 Suchers mit etwa 7° Durchmesser

Gesichtsfeld eines typischen Okulars mit 1° Durchmesser

Alkor/Mizar

M 101

Nahe bei Alkor/Mizar treffen Sie auf eine Sternkette, die Sie praktisch bis zu M 101 führt. Beachten Sie allerdings, dass die Darstellung im Sucher oder Okular seitenverkehrt oder auch auf dem Kopf stehen kann. Bewegen Sie deshalb das Teleskop einmal leicht nach oben und unten und nach links und rechts. So bekommen Sie ein Gefühl dafür, wie Sie das Teleskop verstellen müssen, um in eine bestimmte Richtung zu gelangen. Am Ende der Sternkette angekommen, wechseln Sie zum Teleskop und blicken in das Okular. Falls Sie die Galaxie noch nicht sehen können, wiederholen Sie auch hier erst einmal diese Prozedur, bevor Sie weitersuchen, denn die Orientierung kann wieder anders sein als im Sucherfernrohr.

36 Wie groß erscheinen Himmelsobjekte im Teleskop?

Selbst bei optimalen Beobachtungsbedingungen kann es vorkommen, dass ein Himmelsobjekt partout unauffindbar bleibt. Eine Möglichkeit für den Misserfolg ist eine falsche Vorstellung von der Größe des Objektes und damit eine ungeeignete Wahl der Vergrößerung oder die Verwendung eines zu kleinen *Gesichtsfelds*.

Mal groß, mal klein

Himmelsobjekte können in ihrer Ausdehnung sehr unterschiedlich sein. Planeten z.B. sind meist weniger als eine *Bogenminute* klein. Selbst Saturn mit seinem Ringsystem erreicht eine scheinbare Größe am Himmel, die gerade einmal 1/40 des Durchmessers des Mondes erreicht. Dasselbe gilt für etliche Deep-Sky-Objekte. Der berühmte Ringnebel M 57 ist mit 1,2' Durchmesser schon ein großer Vertreter der Klasse der *Planetarischen Nebel*. Auch viele Galaxien sind nur wenige Bogenminuten groß und bei Vergrößerungen unter 100fach nur als kleine Flecken im Gesichtsfeld Ihres Okulars sichtbar. Somit können sie schnell übersehen werden. Dagegen erscheint unsere Nachbargalaxie M 31, die Andromedagalaxie, mit 3° Durchmesser am Himmel so ausgedehnt, das sie selbst mit einer sehr niedrigen Vergrößerung nicht als Ganzes überschaubar ist. Hierbei zählt ein großes Gesichtsfeld.

> **Tipp:** Die Grafiken zeigen schematisch einige bekannte Planeten und Deep-Sky-Objekte im Vergleich zur Größe des Vollmonds. Der Mond erscheint am Himmel mit einem Durchmesser von etwa 0,5° oder 30'. Beobachten Sie den Mond mit einer Vergrößerung, so dass er etwa die Hälfte bis Dreiviertel des Gesichtsfelds einnimmt. Damit haben Sie einen guten Anhaltspunkt, auch die Größen anderer Himmelsobjekte in Ihrem Teleskop einzuschätzen.

Der riesenhafte Jupiter erscheint am Himmel nur noch mit einer Größe von maximal 50,1".

Die Venus erreicht je nach Position in ihrer Umlaufbahn einen scheinbaren Durchmesser von 9,6" bis 64,3".

Der berühmte Ringnebel M 57 ist mit 1,2' Durchmesser im Vergleich mit dem Mond nur winzig.

Der Krebsnebel M1 im Sternbild Stier ist schon 5'×4' groß und erscheint mit mittleren Vergrößerungen als kleiner nebliger Fleck.

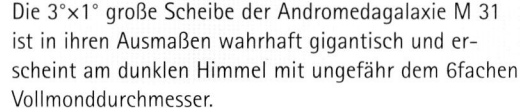

Die 3°×1° große Scheibe der Andromedagalaxie M 31 ist in ihren Ausmaßen wahrhaft gigantisch und erscheint am dunklen Himmel mit ungefähr dem 6fachen Vollmonddurchmesser.

Der Durchmesser des Kugelsternhaufens M 13 beträgt 8', ca. ¼ Vollmonddurchmesser. Somit ist M 13 mit einer Helligkeit von 5ͫ7 mit einem Fernglas gut sichtbar.

Der Lagunennebel M 8 ist mit einer Größe von 20'×10' unter guten Bedingungen schon mit dem bloßen Auge erkennbar.

M 42 bedeckt eine Fläche praktisch so groß wie der Vollmond. Zur Gesamtansicht ist deshalb eine kleinere Vergrößerung notwendig.

37 Das »richtige« Beobachten

Einsteiger sind nach den ersten Beobachtungsnächten oft entmutigt: Sie haben keine der mit großer Spannung erwarteten Objekte gefunden oder sind von ihrem Anblick enttäuscht. Die Aufnahmen der großen Teleskope präsentieren *Deep-Sky-Objekte* in brillanten Farben. Ein typisches Beispiel ist die Andromedagalaxie M 31: Die Fotografie zeigt eine strahlende Sterninsel mit glühendem Zentralbereich und mächtigen Spiralarmen. Doch der Blick durch das Teleskop kann dies nicht wiedergeben. Nebel, Galaxien und Kometen erscheinen auf den ersten Blick als blasse und farblose Gebilde und Planeten oftmals nur als helle Scheiben ohne Details.

Erfolgreich Himmelsobjekte sehen

Für die Beobachtung von lichtschwachen Objekten wählen Sie eine mondlose Nacht an einem dunklen Platz außerhalb der Stadt und lassen Ihren Augen mindestens 30 Minuten Zeit sich an die Dunkelheit zu gewöhnen, bevor Sie mit der Beobachtung beginnen. Im Dunkeln erweitern sich die Pupillen Ihrer Augen und sind damit in der Lage, mehr Licht aufzunehmen, dieser Vorgang wird *Adaption* genannt. Schon nach kurzer Zeit der Anpassung werden Sie feststellen, dass die Anzahl der sichtbaren Sterne mit der Erweiterung Ihrer Pupillen zunimmt.

Mit Geduld beobachten

Geduldige Beobachtung ist eine weitere Vorraussetzung für die gelungene Sichtung von Himmelsobjekten. Besonders bei flächigen schwächeren Zielen wie Galaxien, Nebel und Kometen sollten Sie sich auf jeden Fall mindestens zehn Minuten zur Beobachtung nehmen, da erst

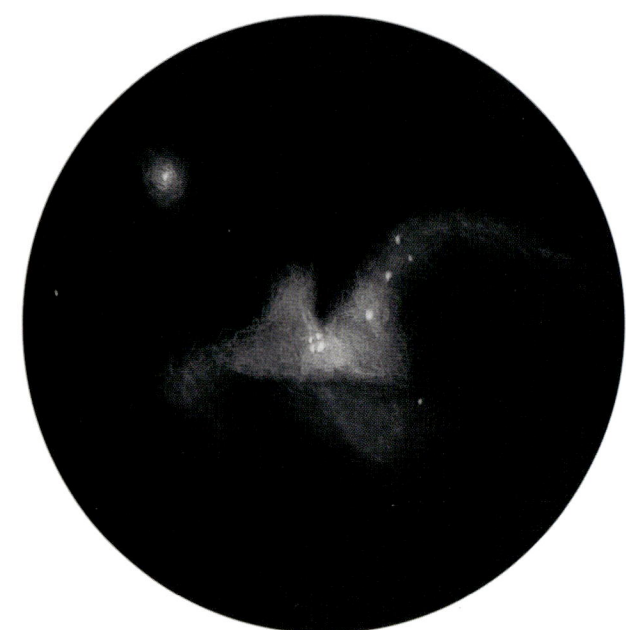

Anblick des Orionnebels M 42 in einem Refraktor mit 120mm Öffnung. Für die Bleistiftzeichnung wurde bei Vergrößerungen von 60–120fach beobachtet und ein *Nebelfilter* eingesetzt, sowie die Technik des indirekten Sehens angewendet.

nach einiger Zeit weitere Details sichtbar werden. Die auf den ersten Blick monotonen Objekte können dann erst Strukturen wie helle Verdichtungen oder sogar Spiralarme offenbaren und die großen Planeten Jupiter und Saturn zeigen nach und nach Details ihrer Wolkenoberflächen. Einige astronomische Objekte leuchten allerdings so schwach, dass sie nur mit einem Trick sichtbar werden. Das liegt an einer physiologischen Eigenschaft des menschlichen Auges: Das Licht wird mit zwei unterschiedlichen Arten von Sinneszellen wahrgenommen – den Zapfen und den Stäbchen. Die Zapfen sind in der Mitte der Netzhaut konzentriert und für das farbige und scharfe Sehen zuständig. Die viel lichtempfindlicheren Stäbchen verteilen sich dagegen auf einen größeren Bereich der Netzhaut. Diese sind allerdings nur für ein recht unscharfes Schwarz-Weiß-Bild geeignet.

Die Technik macht's

Gerade diese erhöhte Lichtempfindlichkeit der Stäbchen können wir uns zu Nutze machen. Versuchen Sie deshalb sehr schwache Objekte nicht direkt anzuschauen, sondern leicht daran vorbeizublicken, damit deren Licht auf die empfindlicheren Stäbchen außerhalb der Netzhautmitte trifft. Nun werden schwächere Sterne oder z.B. lichtschwache Saturnmonde und Asteroiden sichtbar. Auch Planetendetails wie die dunklen *Albedostrukturen* des Mars erscheinen deutlicher. Nebel, Galaxien und Kometen wirken ausgedehnter oder sind überhaupt erst zu erkennen. Diese Beobachtungstechnik wird als *Indirektes Sehen* bezeichnet. Eine weitere Technik beruht auf der Tatsache, dass unser Auge bewegte Objekte leichter wahrnehmen kann. Schwenken Sie das Teleskop leicht hin und her oder stoßen Sie den Tubus ein wenig an, damit das gerade sichtbare Objekt leicht bewegt wird. Für Objekte an der Grenze der Wahrnehmung ist diese Methode des *Field Sweeping*, besonders in Kombination mit indirektem Sehen erfolgversprechend. Eine regelmäßige Beobachtungspraxis verbessert stetig diese Fähigkeiten, auch *teleskopisches Sehen* genannt, und steigert den Beobachtungsspaß. Mit dieser Aussicht wird es Ihnen leichter fallen, eine anfängliche »Durststrecke« zu überwinden.

Tipp: Positionieren Sie die Andromedagalaxie mit einer niedrigen Vergrößerung von etwa 15fach bis 30fach im Gesichtsfeld des Teleskops.

Bei indirektem Sehen wird auch die Galaxienscheibe sichtbar. Das Kreuz markiert die Blickrichtung des Auges.

Tipp:

- »Spielen« Sie mit der Blickrichtung und schauen mal links, mal rechts oder auch in die Ecken des Gesichtsfeldes. Möglicherweise gibt es eine Position, mit der besonders gut weitere Details erkennbar sind.
- Kneifen Sie bei der Beobachtung nicht das »unbeteiligte« Auge zu! Das strengt die Augen schnell an. Besser ist es, das zweite Auge mit einer Hand bedeckt zu halten oder eine Augenklappe zu verwenden. Mit etwas Übung ist es auch möglich beide Augen entspannt offen zu lassen. Konzentrieren Sie sich dabei auf das »beobachtende« Auge.
- Hilfreich ist auch ein schwarzes Tuch, das Kopf, Okularauszug und Okular einhüllt und vor Umgebungslicht schützt.

38 Die ersten Astrofotos

Der Wunsch, das im Teleskop Gesehene mit der Kamera festzuhalten, entsteht manchmal schon nach wenigen Beobachtungsnächten. Bis mit dem Teleskop als Aufnahmeoptik zufrieden stellende Ergebnisse erzielt werden, benötigen Sie allerdings eine Menge Erfahrung im Umgang mit Montierung und motorisierter Nachführung. Für die ersten Astrofotografien ist aber gar nicht so viel Aufwand nötig.

Strich um Strich

Einen leichten Einstieg in die Astrofotografie ermöglicht die Aufnahme von *Strichspuren*. Dafür können Sie sogar erst einmal das Teleskop zur Seite legen, denn man benötigt lediglich ein Stativ und eine Kamera, die Belichtungszeiten von einigen Minuten erlaubt. Richten Sie die Kamera an einem dunklen Beobachtungsplatz zum *Himmelspol* und beginnen mit einer Fotografie von 10 Minuten Dauer bei nicht ganz geöffneter *Blende*, passende *Brennweiten* dafür sind 24mm–50mm. Später können Sie die Belichtungszeit steigern, so weit es die Helligkeit des Himmels an Ihrem Standort zulässt. Wird der Hintergrund auf der Aufnahme zu hell, reduzieren Sie die Belichtungszeit. Bei Digitalkameras empfiehlt sich der Abzug eines *Dunkelbildes* mit gleicher Belichtungszeit.

Stern-Bilder

Eine handelsübliche Digitalkamera mit festem Objektiv findet bei Sternbildaufnahmen ebenso ihren Einsatzbereich. Auf ein Stativ montiert sind damit stimmungsvolle Aufnahmen der *Sternbilder* machbar oder z.B. nahe Begegnungen der Planeten und der jungen Mondsichel. Bis zu etwa 15 Sekunden Dauer können Sie mit dem Normalobjektiv

Strichspuraufnahme mit einer Digitalkamera, zusammengesetzt aus 8 Einzelaufnahmen mit jeweils 2 Minuten Belichtungszeit, f/5, ISO 500. Bei sehr hellem Himmel ist es günstig, mehrere Aufnahmen mit kurzen Belichtungszeiten später am Computer zu kombinieren.

belichten, ohne dass die Sterne zu Strichen verzogen werden. Benutzen Sie längere Brennweiten, verkürzt sich die mögliche Belichtungszeit. Probieren Sie bei der Digitalkamera auch verschiedene Blenden- und *ISO*-Einstellungen und überprüfen Sie das Ergebnis danach auf dem Display der Kamera.

Huckepack

Besitzen Sie eine motorisierte *parallaktische Montierung*, beherrschen den Umgang damit und die genaue Ausrichtung des Teleskops auf den

Komet Machholz bei den Plejaden im Januar 2005, fotografiert mit einer Digitalkamera, »huckepack« auf einem Teleskop mit motorischer Nachführung, Belichtungszeit 30 Sekunden, Brennweite etwa 105mm, f/2, ISO 180.

Himmelspol sicher, sollten Sie sich ebenfalls einmal an länger belichteten Aufnahmen versuchen. Sie brauchen dafür:

- Spiegelreflexkamera (digital oder mit Film)
- Objektiv mit 50mm – 200mm Brennweite
- Fadenkreuzokular
- Kamerahalterung

Die Kamera wird parallel zum Teleskop mit einer speziellen Halterung entweder an die Gegengewichtsstange der Montierung oder »Huckepack« (engl. *piggyback*) direkt am Fernrohr montiert. Beginnen Sie mit kurzen Brennweiten und Belichtungszeiten von 5 Minuten und steigern nach erfolgreichen Versuchen Belichtungszeit und Brennweite. Während der Belichtung kontrollieren Sie die Nachführung an Hand

Konjunktion von Mond, Venus und Jupiter am frühen Morgen des 9.11. 2004, aufgenommen mit einer Digitalkamera auf Stativ, Brennweite etwa 35mm, Belichtungszeit 5 Sekunden, f/2, ISO 100

eines hellen Sterns, dem sog. Leitstern, im Gesichtsfeld des *Fadenkreuzokulars* am Teleskop und korrigieren gegebenenfalls.

Weitere lohnende Motive für den Einstieg:

- Milchstraße in den Sternbildern Schwan und Schütze
- Polarlichter
- Sonnenfinsternis
- Landschaftsaufnahmen bei/mit Vollmond

39   Mit der Webcam auf Planetenjagd

Früher war die Fotografie von Mond und Planeten eine recht undankbare Aufgabe, da die Unruhe der Atmosphäre, das *Seeing*, sogar nur 1s oder 2s lang belichtete Aufnahmen unscharf und verwischt erscheinen ließ. Man konnte sich schon glücklich schätzen, die Polkappen des Mars oder die Wolkenbänder Jupiters zu erahnen. Erst die digitale Technik und mit ihr die *Webcams* brachten einen Riesenfortschritt in der Planetenfotografie. Aber auch die Sonne rückt damit immer mehr ins Visier der Hobby-Astronomen.

Der Star

Mit einer Webcam haben Sie die Möglichkeit die Luftunruhe auszutricksen: Anstatt einer einzelnen Aufnahme produziert eine solche Kamera viele hundert Aufnahmen innerhalb weniger Minuten mit so kurzen Belichtungszeiten der Einzelbilder, dass sich Veränderungen durch die Luftunruhe kaum bemerkbar machen. Sie erstellen sozusagen kleine Filme der Objekte, die als avi-Dateien abgespeichert die Grundlage für eine weitere Bearbeitung darstellen.

Die Spezialeffekte

Jetzt kommt der eigentliche Clou. Eine spezielle Software sucht aus diesen hunderten Einzelbildern die schärfsten heraus und addiert sie zu einem *Summenbild*. Durch Mittelung der Einzelbilder wird das Rauschen vermindert und die Schärfe des fertigen Summenbilds enorm gesteigert.

Jupiter während der *Opposition* 2005: Die Einzelaufnahme auf der linken Seite ist deutlich unschärfer und zeigt weniger Details als das Summenbild auf der rechten Seite. Aufnahmeinstrument: Schmidt-Cassegrain-Spiegelteleskop, 200mm Öffnung, 4000mm Brennweite mit 2fach Barlowlinse.

Die Ausrüstung
Für den ersten eigenen »Videoclip« benötigen Sie folgende Ausrüstung:
- Webcam mit dazugehöriger Aufnahmesoftware
- Adapter zum Anschluss der Webcam an das Teleskop
- Laptop
- Software zur Addition der Einzelbilder

Empfehlenswert:
- Montierung mit motorischer Nachführung
- Barlowlinse zur Erhöhung der Brennweite

Erforderliche Mindestbrennweiten für Webcamaufnahmen

- Venus: etwa 2000 – 4000mm
- Mars: etwa 4000mm
- Jupiter: etwa 2000mm
- Saturn: etwa 2000mm

Das Drehbuch

Zum Anbringen der Webcam an das Teleskop müssen Sie das *Objektiv* der Kamera entfernen, das sich in der Regel leicht abschrauben lässt. Stattdessen wird ein spezieller Adapter angebracht und danach die Kamera wie ein Okular am *Okularauszug* fixiert. Nach Verbindung der Webcam mit dem Laptop können Sie fast schon mit der Aufnahme loslegen. Das Auffinden gestaltet sich allerdings nicht ganz einfach, da das Gesichtsfeld einer Webcam sehr klein ist und ein Planet innerhalb weniger Sekunden aus dem Blickfeld verschwindet. Deshalb ist eine Montierung mit motorisierter Nachführung anzuraten. Nehmen Sie sich ebenfalls sehr viel Zeit, die Schärfe einzustellen – das A und O für ein gutes Endergebnis. Eine halbe Stunde oder mehr kann dieser Vorgang beanspruchen. Zum Steigern der Vergrößerung montieren Sie eine hochwertige *Barlowlinse* zwischen Okularauszug und Web-

cam. Je nach Bauart erhöht sie die Brennweite um das 2- bis 5fache, für Jupiter und Saturn benötigen Sie z.B. mindestens eine Brennweite von 2000mm. Nach Beendigung der Aufnahmen können Sie zu Hause in Ruhe die Bilder addieren und mit einem Bildbearbeitungsprogramm nachbearbeiten.

Die Produktionzeit

Auch wenn der Aufnahmevorgang im Prinzip recht einfach ist, werden Sie etliche Versuche und viel Geduld benötigen, bis Ihre Ergebnisse ähnlich wie die Jupiteraufnahme auf der vorhergehenden Seite aussehen.

Eine handelsübliche Webcam stellt eine ideale Astrokamera dar. An Stelle des Objektivs wird ein Adapter für die Anbringung an das Teleskop eingeschraubt. Mit ein wenig Bastelgeschick können Sie diesen Adapter auch aus einer ausgedienten Filmdose bauen, die fast genau den Durchmesser eines 1,25"-Okularauszugs hat.

40 Satelliten – künstliche Lichter am Himmel

Die Vorhersage von Iridium-Flares, Überflügen der ISS und weiteren hellen Satelliten für Ihren Standort finden Sie bei:

- www.heavens-above.com
- www.calsky.com

Vor gerade einmal 50 Jahren wurde der erste künstliche Begleiter der Erde, der sowjetische *Satellit* »Sputnik«, in eine Erdumlaufbahn gebracht. Heute bevölkern Satelliten zu Tausenden den Himmel und sind für viele Bereiche im Einsatz: z.B. Fernsehübertragung, Wettervorhersage, Militär und Forschung.

3-bahnig

Satelliten können im Prinzip in beliebige Erdumlaufbahnen gebracht werden. Allerdings gibt es je nach Aufgabe des Satelliten bevorzugte Bahnen, die sich grob in drei Kategorien einteilen lassen: niedrige Umlaufbahnen mit einer Höhe von 200km bis ca. 1000km, sonnensynchrone *polare Umlaufbahnen* in rund 800km Höhe, die einen Satelliten über die Pole hinwegführen und die *geostationäre Umlaufbahn* in rund 36000km Höhe, bei der ein Satellit über einem bestimmten Punkt des Äquators stillzustehen scheint, da er die Erde genau so schnell umrundet, wie diese sich dreht. Darüber hinaus gibt es Bahnen in mittleren Höhen, stark elliptische Bahnen sowie Transferorbits vor dem Erreichen der endgültigen Bahn.

Kreuz und quer

Auf Grund ihrer hohen Umlaufbahnen sind geostationäre Satelliten in der Regel zu lichtschwach, als dass sie mit dem bloßen Auge gesehen werden könnten. Polare Satelliten erscheinen wie lichtschwache Sterne, die in Nord-Süd-Richtung über den Himmel ziehen. Satelliten mit weniger geneigten Bahnen, also Bahnen, die mehr parallel zum Äquator verlaufen, bewegen sich aus westlicher Richtung kommend in wenigen Minuten über den gesamten Himmel nach Osten. Sie befinden sich quasi auf der Überholspur und umrunden die Erde schneller als sie rotiert.

Der beste Zeitpunkt

In einem Zeitfenster von einigen Stunden nach Sonnenuntergang und vor Sonnenaufgang haben Sie die beste Möglichkeit, Satelliten zu erspähen. Die günstigsten Monate sind dafür Mai, Juni und Juli. Jetzt sinkt die Sonne nur wenig unter den Horizont und kann hoch »fliegende« Objekte beleuchten. Diesen Effekt kennen Sie vielleicht aus den Bergen, wenn die Bergspitzen sich noch im Sonnenschein befinden, aber die Sonne längst untergegangen ist. Halten Sie schon in der Dämmerung Ausschau nach sich geradlinig bewegenden Lichtern. Erscheint ein Lichtpunkt nicht doppelt, weder farbig, noch blinkt er und kommt dazu aus westlichen Richtungen, ist die Chance groß einen Satelliten vor sich zu haben. Mit einem Fernglas können Sie schnell ein hoch fliegendes Flugzeug von einem Satelliten unterscheiden. Besonders auffallend sind große Satelliten in Höhen von nur einigen 100km Höhe, die als helle Lichtpunkte über den Himmel »rasen«; der prominenteste von ihnen ist die *Internationale Raumstation ISS*.

Auf ihrem Weg über Deutschland zeichnet die Internationale Raumstation ISS einen hellen Lichtstreifen auf der Fotografie.

Ein etwa −3^m heller Iridiumflare erhellt den sommerlichen Abendhimmel. Die Aufnahme entstand mit einer Digitalkamera auf Stativ, bei einer Belichtungszeit von 20 Sekunden.

Menschen am Himmel

Besonders spannend ist eine Sichtung der ISS, die auch den deutschsprachigen Raum regelmäßig überquert. Die Raumstation kann während ihres einige Minuten dauernden Überflugs auf Grund ihrer Größe und niedrigen Umlaufbahn von 350km heller werden als Saturn und Jupiter. Die Vorstellung, dass sich in diesem winzigen Lichtpunkt Menschen befinden, ist immer wieder packend. Im Teleskop sind bereits bei kleinen Vergrößerungen Strukturen wie Sonnensegel sichtbar.

Himmlische Blitze

Reizvoll ist auch die Beobachtung von sogenannten *Iridium-Flares.* Hier spiegelt sich die Sonne in den Antennen gewisser Kommunikationssatelliten und verursacht einen mehrere Sekunden sichtbaren hellen Lichtpunkt am Himmel, dessen Helligkeit Venus um ein vielfaches übertreffen kann. Dazu müssen Sie Ihren Blick auf das richtige Himmelsareal zu einer genau bestimmten Zeit richten, damit Sie das flüchtige Ereignis nicht verpassen.

41 Sightseeing auf dem Mond

Der Mond ist ein ergiebiges Objekt für die erste Beobachtung von vielen spannenden Formationen, die schon mit einem kleinen Teleskop von 60mm Öffnung oder einem Fernglas sichtbar sind. Darüber hinaus ist er der einzige Himmelskörper, auf dem wir außerirdische Landschaften erkennen können.

Meere (lat. Mare)

Die *Meere* sind als ausgedehnte dunkle Regionen sichtbar, die etwa ein Drittel der erdzugewandten Seite des Mondes bedecken. Diese großen Ebenen sind ehemalige Einschlagbecken gewaltiger Meteoriteneinschläge, die nach und nach mit Magma überflutet wurden, das aus der durchschlagenen Mondkruste hervortrat. Das zu Basaltlava erstarrte Magma verursacht die heute sichtbare dunkle Färbung.

Wallebenen, Ringgebirge und Krater

Die für den Mond typischen und am häufigsten vorkommenden Formationen sind durch Meteoriteneinschläge entstandene *Krater.* Man unterscheidet Wallebenen, Ringgebirge und Krater, die sich im Wesentlichen durch ihre Größen unterscheiden, die Übergänge sind jedoch fließend. Die Wallebenen erreichen Durchmesser von 300km, Ringgebirge haben Durchmesser von 20km – 100km und typische Krater Durchmesser bis 60km. Die kleinsten im Amateurteleskop sichtbaren Krater sind nur wenige Kilometer groß.

Gebirge (lat. Montes)

Die großen Einschläge, die zur Bildung der Meere führten warfen mächtige Kraterwälle von mehreren tausend Metern Höhe auf. Die heute sichtbaren Gebirge sind Überreste dieser Wälle, die teilweise mit Lava überflutet oder durch nachfolgende Einschläge zerstört wurden.

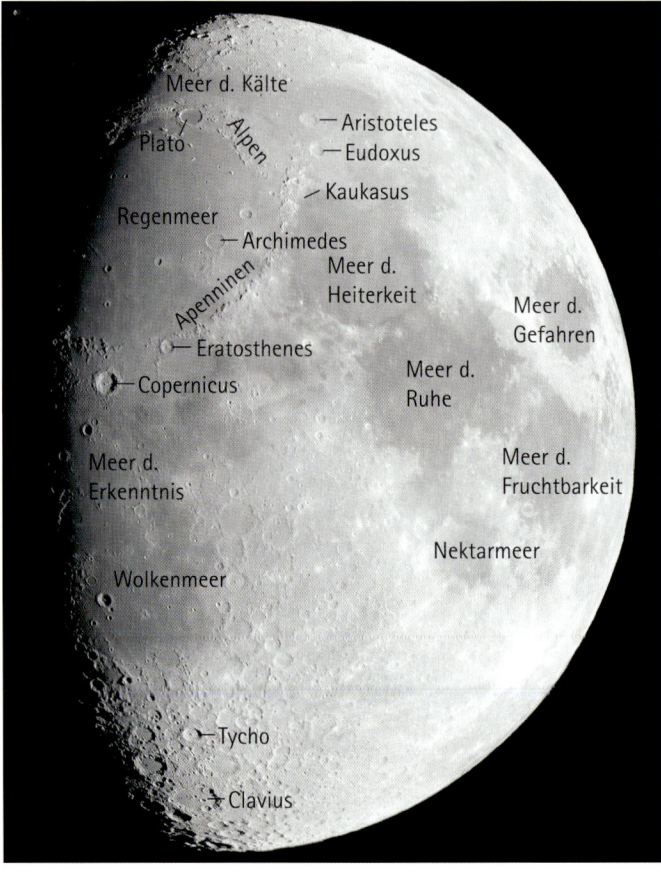

Berge (lat. Mons)

Die vereinzelt stehenden Berge sind nur in den Meeren zu finden. Diese Formationen sind wie die großen Gebirgsketten ebenfalls Überreste von Kraterwällen, bei denen allerdings nur noch die höchsten Gipfel aus den mit Lava überfluteten Ebenen ragen.

Täler (lat. Vallis), Rillen (lat. Rima) und Furchen (lat. Rupes)

Bei den Tälern und Rillen unterscheidet man verschiedene Formen, deren Entstehung nicht immer verstanden ist. Im allgemeinen läßt sich sagen, dass sie meist nicht vulkanischen Ursprungs sind. Die häufigste Ursache dürften Gräben und Grabenbrüche sowie Verwerfungen sein, z.B. ist das Alpental wahrscheinlich ein Graben und Rupes Recta (Aufrechte Wand) eine Verwerfung. Ebenfalls kann es sich wie bei Rupes Altai (Altaiverwerfung) um Ränder von Einschlagbecken oder wie beim Rheita-Tal um Kraterketten handeln. Darüber hinaus ist in einigen Rillen Lava geflossen oder sie sind durch Lavafluss entstanden, wie z.B. das Schrötertal oder die Hadleyrille, nahe der Apollo 15 landete.

Wieso heißt das Regenmeer so?

Die heutige Benennung der Mondformationen stammt im Wesentlichen vom italienischen Astronomen Giovanni Riccioli aus dem Jahr 1651 und wurde 1961 von der Internationalen Astronomischen Union festgeschrieben: Krater wurden nach berühmten Wissenschaftlern und Philosophen benannt. Für die Meere wählte man Wetterbedingungen, wie z.B. das »Regenmeer« oder auch Geistesverfassungen wie beim »Meer der Ruhe«. Die Mondgebirge- und Berge sind allesamt nach irdischen Gegenstücken benannt. Ausnahmen sind das »Meer der Erkenntnis«, das »Humboldtmeer«, und das »Smythmeer«.

Copernicus gilt für viele als einer der schönsten Krater. Sein guter Erhaltungszustand und die Tatsache, dass wir ihn aus einer senkrechten Perspektive beobachten können, machen ihn einmalig. Wenn sich der 93km große Copernicus bei einem Mondalter von 9d an der Tag- und Nachtgrenze des Mondes, dem *Terminator*, befindet, werden Details im Inneren sichtbar. Besonders deutlich ausgeprägt sind die etwa 4000m hohen terrassenförmigen Wälle und das aus drei Gipfeln bestehende Zentralgebirge, welches den Kratergrund bis zu 1200m überragt. Das Strahlensystem – helles, bei der Entstehung herausgeschleudertes Gestein – ist besonders gut bei Vollmond sichtbar.

Tipp: Beginnen Sie Ihre Mondbeobachtungen mit einer niedrigen Vergrößerung von etwa 50fach und verschaffen Sie sich einen Überblick. Für Detailbeobachtungen reicht schon eine Vergrößerung von etwa 100fach. Besitzt Ihr Teleskop keine motorisierte Nachführung, versuchen Sie nicht das Objekt bei hohen Vergrößerungen ständig mittig im Gesichtsfeld zu halten. Lassen Sie es besser durch das Gesichtsfeld driften und konzentrieren sich dabei auf Details.

42   Sonnenflecken beobachten

Die Sonne ist ein besonderer Stern. Er ist der einzige, auf dem wir mit Teleskopen Details der Oberfläche erkennen können. Darüber hinaus verändert sich die Sonne im Gegensatz zu den meisten *Deep-Sky-Objekten* täglich. Der Anblick ist nie gleich und praktisch nicht vorhersagbar. Alleine deshalb lohnt sich ein Blick auf unser Tagesgestirn immer.

Safety first!

Bei der Sonnenbeobachtung gilt als erste Regel: Blicken Sie nie durch ein Teleskop, das nicht mit geeigneten Sonnenfiltern aus Folie oder Glas vor dem Objektiv ausgerüstet ist; auch ein spezielles Prisma, das Herschelprisma, durch das der größte Teil des Sonnenlichtes aus dem Teleskop herausgelenkt wird, ist sicher. Eine Beobachtung ohne diese schützenden Maßnahmen hätte unmittelbare ernste Schäden Ihrer Augen oder sogar eine Erblindung zur Folge! Denken Sie auch daran, den Sucher abzudecken oder ebenfalls mit einem entsprechenden Filter auszustatten! Sonnenfilter, die vor das Okular geschraubt werden können, sind nicht sicher und auf keinen Fall geeignet. Ein Teleskop, das für die Sonnenbeobachtung aufgestellt wurde, sollte niemals ohne Ihre Aufsicht bleiben, besonders wenn Kinder mit dabei sind.

Flecken erwünscht

Bei einem Blick durch ein Teleskop mit einem Filter, der das weiße Licht der Sonne abdämpft, wie z.B. eine Sonnenfilter-Folie, fällt schon bei kleinsten Vergrößerungen auf, dass die Sonne mal mehr, mal weniger und manchmal auch gar nicht mit Flecken bedeckt ist. Diese

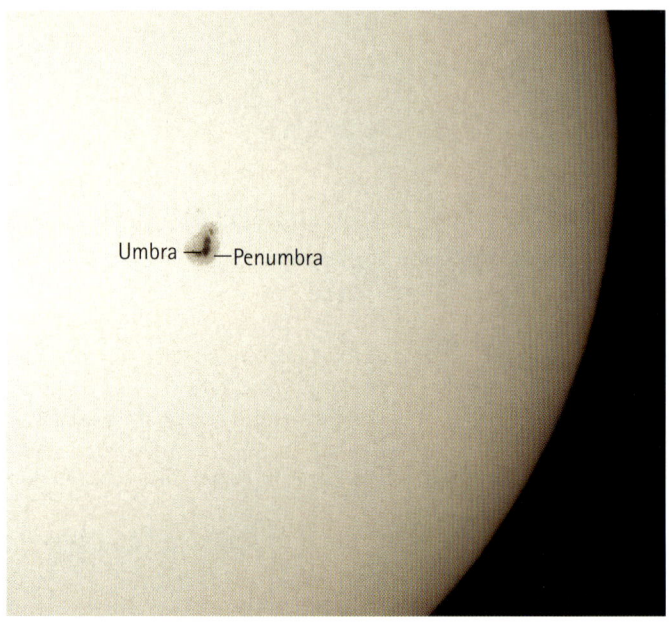

Ein etwa erdgroßer Fleck nahe dem Sonnenrand. Deutlich unterscheidet sich die dunkle Umbra von der helleren Penumbra.

Sonnenflecken erscheinen in unterschiedlichen Größen und Formen, mal in Gruppen, mal einzeln.

Vielen Dank

Selbst in einem Teleskop mit einer kleinen Öffnung von 60mm–80mm sind die Sonnenflecken dankbare Beobachtungsziele. Die größeren Exemplare zeigen einen dunklen Kern, die Umbra und einen helleren

Hof, die Penumbra. Beide Bereiche sind sehr schnell veränderlich. Mit höherer Vergrößerung ab etwa 100fach und großer Öffnung sind bei ausgezeichnetem *Seeing* auch Strukturen der Penumbra und helle Lichtbögen, die in die dunkle Umbra hineinragen, sichtbar. Die Rotation der Sonne ist an Hand der Flecken leicht zu verfolgen: Über einen Zeitraum von etwa 14 Tagen wandern die Flecken durch die Sonnenrotation langsam über die Sonnenscheibe aus unserem Blickfeld und erscheinen manchmal zwei Wochen später wieder am gegenüberliegenden Sonnenrand.

Erste Schritte

Mit der Dokumentation dieser Fleckenbewegung könnten Sie Ihre ersten Gehversuche im Zeichnen wagen. Verwenden Sie eine kleine Vergrößerung, so dass die Sonne komplett im Gesichtsfeld zu sehen ist und übertragen Sie die Position der einzelnen Sonnenflecken mit

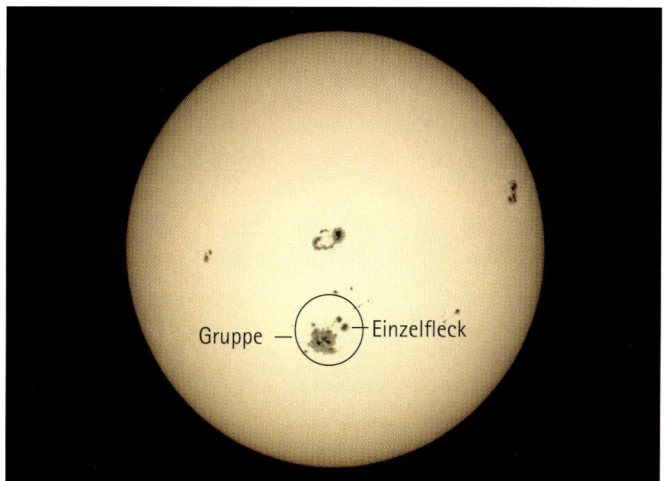

Die Sonnenaufnahme ist vergleichbar mit dem Anblick durch ein Teleskop von 60mm–80mm Öffnung bei etwa 50facher Vergrößerung. Bei den großen Flecken sieht man schon sehr schön die Unterteilung in Umbra und Penumbra.

einem Bleistift auf ein Blatt Papier, auf welches Sie vorher z.B. mit einem Zirkel oder einer CD einen Kreis als Vorlage für die Sonne gezogen haben. Achten Sie beim ersten Mal nicht zu sehr auf Einzelheiten, sondern versuchen Sie hauptsächlich, die Positionen und Größen der Sonnenflecken korrekt zu erfassen. Wenn das Wetter mitspielt und Sie mehrere Tage hintereinander eine Zeichnung anfertigen konnten, entsteht schnell ein kleiner »Film« dieser Wanderschaft.

Ein Projekt für einen etwas längeren Zeitraum ist das Zählen von Sonnenflecken. Ein Maß für die Anzahl der sichtbaren Flecken ist die *Relativzahl*. Hierbei werden die Anzahl der Fleckengruppen und die Anzahl der Flecken innerhalb einer Gruppe gezählt.
Relativzahl = 10 · Anzahl der Gruppen + Anzahl der Einzelflecken in allen Gruppen
Beispiel: 5 Gruppen mit 48 Einzelflecken:
Relativzahl = 10 · 5 + 48 = 98

Nach einiger Zeit der Aufzeichnung wird eine Tendenz der Aktivität erkennbar.

43 Venus: Morgen- und Abendstern

Die Venus gehört zu den auffälligsten Himmelsobjekten. Am frühen Abend oder Morgen, wenn noch keine Sterne sichtbar oder schon längst verblasst sind, leuchtet sie in einer Helligkeit, die von keinem anderen Planeten oder Stern erreicht wird. Sie kann sogar am Tag mit dem bloßen Auge gesehen werden. Während Mars der äußere Nachbarplanet unserer Erde ist, befindet sich die Venus als nächster Nachbarplanet innerhalb der Erdbahn. Mit 12103km Durchmesser ist sie nur wenig kleiner als die Erde.

Heißblütige Göttin

Vielleicht war der außergewöhnliche Glanz des Planeten Grund für seine Benennung nach der römischen Göttin der Liebe und Schönheit. Die besondere Helligkeit verdankt Venus einer sehr dichten Wolkenhülle, die einen großen Teil des auftreffenden Sonnenlichtes wieder in den Weltraum reflektiert. Diese Wolkendecke verhindert leider auch einen direkten Blick auf die feste Oberfläche. Erst in den 1970er Jahren landeten die ersten russischen Sonden erfolgreich auf Venus und vermittelten ein genaueres Bild des Planeten – und das zeigt eine sehr heißblütige Göttin.

Kosmischer Dampfkessel

Die Atmosphäre der Venus offenbarte sich mehr als Hölle denn als Himmel: Ein starker *Treibhauseffekt* erhitzt die aus 96,5 Prozent Kohlendioxid bestehende Atmosphäre auf bis zu 470°C, Wolken und Dunst aus ätzenden Schwefelsäuretropfen umgeben den Planeten und der atmosphärische Druck übersteigt den der Erde um das 90fache – Bedingungen, die wohl höher entwickeltes Leben unmöglich machen. Damit treffen auch bei der Venus frühere Vorstellungen als Schwestererde mit »blühender Vegetation« wie beim Mars nicht zu.

Die Sonne im Schlepptau

Anders als die Planeten jenseits der Erdbahn können die beiden Planeten innerhalb der Erdbahn, Merkur und Venus, nie der Sonne am Himmel gegenüber stehen, sondern sich nur einen bestimmten Winkel von ihr entfernen. Dieser scheinbare Abstand wird als *Elongation* bezeichnet. Im Falle der Venus kann diese Entfernung bis zu 48° betragen, sie erreicht dann die Größte Elongation (GE). Das bedeutet auch, dass wir die Venus niemals die ganze Nacht beobachten können. Entweder sehen wir sie einige Zeit nach Sonnenuntergang am westlichen Abendhimmel oder einige Zeit vor Sonnenaufgang am östlichen Morgenhimmel, je nachdem ob sich der Planet östlich oder westlich unseres Zentralgestirns befindet. Die *Untere Konjunktion* (UK) bezeichnet die Stellung, wenn Venus zwischen Sonne und Erde steht,

Die Phasengestalten der Venus, wie diese durch ein kleines Teleskop sichtbar werden.

während sie bei der *Oberen Konjunktion* (OK) hinter der Sonne steht. In der Regel ist der Planet während der Konjunktionen nicht zu beobachten.

Im Wechsel der Phasen

Da die Venus innerhalb der Erdbahn die Sonne umkreist, zeigt sie wie der Erdmond verschiedene Phasengestalten. Einige Wochen nach der Oberen Konjunktion wird die Venus als fast volles Scheibchen sichtbar. Während sich der Abstand zur Sonne vergrößert, nimmt der Anteil der beleuchteten Oberfläche ab und gleichzeitig der scheinbare Durchmesser zu. Zur maximalen Östlichen Elongation sehen Sie am Abendhimmel eine »Halbvenus«, die weiter zu einer schmalen Sichel schrumpft und dann während der Unteren Konjunktion als »Neuvenus« nicht mehr sichtbar ist. Danach wiederholt sich der Vorgang am Morgenhimmel in umgekehrter Reihenfolge: Die Venus erscheint als große, zunehmende Sichel, bei der größten westlichen Elongation wieder als »Halbvenus« und verschwindet als »Vollvenus« zum Zeitpunkt der Oberen Konjunktion hinter der Sonne. Für einen kompletten Umlauf um die Sonne benötigt die Venus 225 Tage.

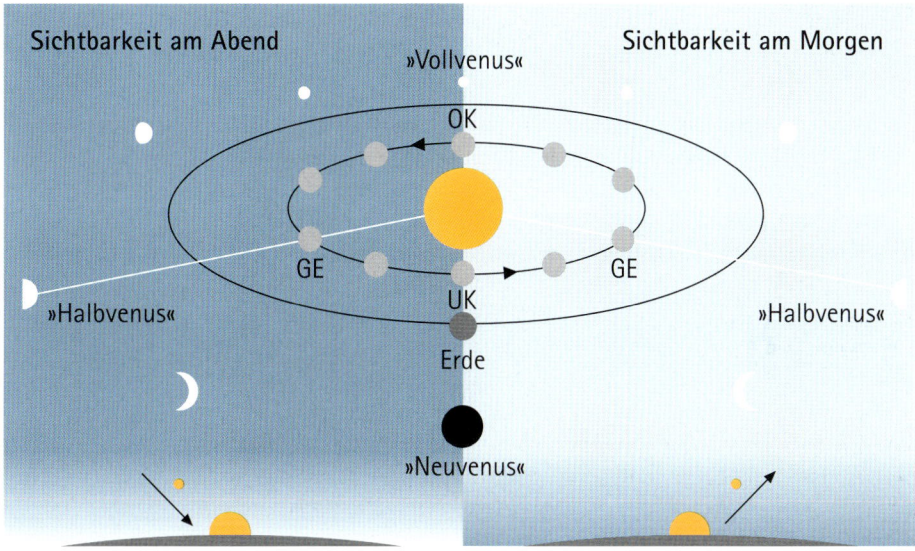

Sichtbarkeit am Abend

Sichtbarkeit am Morgen

»Vollvenus«

OK

»Halbvenus«

GE

UK

GE

Erde

»Halbvenus«

»Neuvenus«

Beobachtungstipp: Die Veränderung der Phasengestalt können Sie schon durch ein kleines Teleskop sehen. Beobachten Sie dazu die Venus nach ihrem Erscheinen am Abend- oder Morgenhimmel in jeweils einigen Tagen Abstand. Hilfreich ist ein neutraler Graufilter, der die Helligkeit der Venus dämpft und die Phasen besser sichtbar macht. Eine besondere Herausforderung ist die Sichtung der Venus während des Tages. Einen guten Einstieg dafür bietet die Sichtbarkeit am Morgen: beobachten Sie die Venus während der zunehmenden Helligkeit und versuchen Sie diese so lange wie möglich im Blick zu halten. Markante Punkte wie Bäume, Hausdächer oder Strommasten helfen dabei. So haben Sie eine gute Chance den kleinen hellen Lichtpunkt noch zu sehen, auch wenn die Sonne schon längst über dem Horizont steht!

44 Mars: Wüste in Rot

Die leuchtend orangerote Erscheinung des *Planeten* Mars am Nachthimmel erregt auch heute noch die Aufmerksamkeit der Menschen. Viele alte Kulturen setzten seine Erscheinung mit Krieg und Zerstörung gleich. Die Griechen übernahmen den Planetenglauben von den Babyloniern und aus dem Kriegsgott Nergal wurde Ares, der Feuer und Eisen beherrscht. Die Römer nannten den Planeten schließlich nach ihrem Kriegsgott Mars.

Rot, fest, klein

Mars gehört zu den *terrestrischen Planeten* und hat somit im Wesentlichen einen erdähnlichen Aufbau mit einem Kern, einem Mantel und einer festen Kruste. Die typische rote Farbe stammt von Eisenoxid, also Rost. Mars ist nur etwa halb so groß wie die Erde und sein Tag dauert mit 24 Stunden und 37 Minuten fast genau so lange wie ein Erdtag, die Sonne umkreist er in 687 Tagen. Durch ein Teleskop konnte man schon früh helle und dunkle Strukturen auf der Oberfläche erkennen. Diese geben nur die Färbung des Bodens wieder, aber keine Oberflächendetails wie Berge oder Täler. Durch die im Jahre 1877 von dem italienischen Astronomen Giovanni Schiaparelli entdeckten »Marskanäle«, die jedoch nichts weiter als optische Täuschungen sind, geriet der Planet ins Visier als Kandidat für außerirdisches Leben.

Wasser und Staub

Die auf dem Mars gelandeten Raumsonden Viking, Pathfinder, Opportunity und Spirit zeigen jedoch einen trockenen staubigen Wüstenplaneten mit einem Luftdruck von nur 1% des irdischen. Weitere Untersuchungen belegen aber, dass Mars in seiner Frühzeit eine dichte Atmosphäre und Wasser in flüssiger Form besessen haben muss und sich durchaus Leben

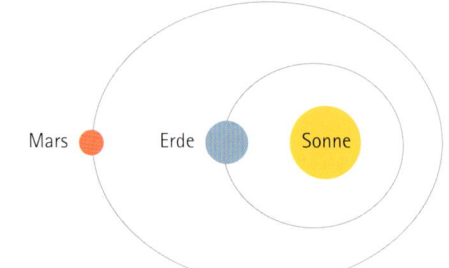

Opposition mit maximalem Abstand

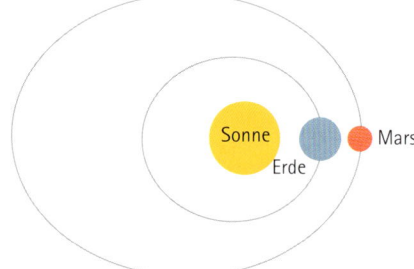

Opposition mit minimalem Abstand

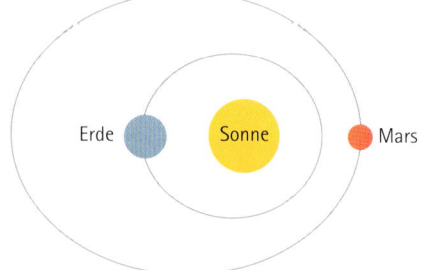

Konjunktion

in Form von Mikroorganismen wie z.B. Bakterien entwickelt haben könnte. Diese Frage ist bis heute nicht eindeutig geklärt und bleibt spannend.

Mal nah, mal fern

Die Planeten umkreisen die Sonne auf elliptischen Bahnen. Als *Opposition* wird die Ausrichtung bezeichnet, bei der Sonne, Erde und ein Planet außerhalb der Erdbahn auf einer Linie stehen. Der Planet befindet sich zu diesem Zeitpunkt von der Erde aus betrachtet gegenüber der Sonne. Bei einer Oppositionsstellung ist der entsprechende Planet die ganze Nacht sichtbar. Dann ist die beste Zeit zur Beobachtung des Mars und der anderen *äußeren Planeten* Jupiter, Saturn, Uranus und Neptun. Mars erreicht diese Stellung alle 2,1 Jahre. Auf Grund seiner stark elliptischen Umlaufbahn kann die entsprechende Entfernung zur Erde allerdings zwischen 55,6 Millionen und 101 Millionen Kilome-

Mars, wie er bei optimalen Bedingungen im einem Teleskop mit 114mm Öffnung sichtbar werden kann. Der tatsächliche Anblick im Okular auch bei Vergrößerungen von 150–200fach ist jedoch deutlich kleiner.

ter schwanken. Bei einer *Konjunktion* stehen Sonne und ein weiterer Himmelkörper von der Erde aus gesehen in einer Linie, so dass sie am Himmel dicht zusammen stehen. Zu diesem Zeitpunkt ist der entsprechende Planet nicht sichtbar.

Übung macht den Meister

Auch für den geübten Beobachter stellt Mars eine Herausforderung dar. Das Planetenscheibchen erscheint im Teleskop nur 3,5" bis etwa 25" groß – im Vergleich bringt es der Mond dagegen auf stattliche 1800". Die erkennbaren Strukturen auf der Oberfläche sind deshalb nur sehr klein. Hauptsächlich sind ausgedehnte dunkle oder helle Gebiete, sogenannten *Albedostrukturen* sichtbar, die sich mehr oder weniger stark von den rötlichen Gebieten abheben. Dazu benötigen Sie jedoch unbedingt ein gutes Seeing und Vergrößerungen von etwa 120fach. Damit erreichen Sie die Leistungsgrenze eines kleinen Teleskops mit 60mm Öffnung. Im größeren Teleskop bei Vergrößerungen von mehr als 200fach werden diese Details leichter erkennbar.

Beobachtungstipp: Spannend ist die regelmäßige Beobachtung der Polkappen, die sich als heller weißlicher Fleck abheben. Mit dem Beginn des Marsfrühlings auf der entsprechenden Hemisphäre schmilzt die Polkappe langsam ab und wird immer kleiner, bis sie schließlich verschwindet. Auf der anderen Hemisphäre kann man hingegen das Anwachsen der Polkappe mit einsetzendem Herbst und Winter beobachten. Eine gut erkennbare Albedostruktur ist die »Große Syrte«, die sich im Teleskop als dunkle dreieckige Fläche gegen die rötliche Oberfläche zeigt. Mit der *Beobachtungstechnik* des *Indirekten Sehen*s und einem schwarzen Tuch gegen störendes Licht abgeschirmt, kann eine Beobachtung auch mit kleinen Teleskopen gelingen.

45 Jupiter: der Riese unseres Sonnensystems

Jupiter ist ein wirklich beeindruckender *Planet* unseres *Sonnensystems* und gehört zur Familie der *Gasriesen*, wie auch Saturn, Uranus und Neptun. Diese Planeten besitzen keine feste Oberfläche, sondern eine tief reichende gasförmige Atmosphäre und einen kleinen festen Kern. Sein Namensgeber, der römische Gott Jupiter, könnte nicht besser gewählt sein. Mit 142984km Durchmesser ist Jupiter nach der Sonne das größte Mitglied unseres Sonnensystems mit einer Umlaufzeit von 11,8 Jahren. Dabei beträgt seine Rotationszeit am Äquator nur etwa 9h 50min. Das ist so schnell, dass der Planet auf Grund der Fliehkräfte sogar deutlich abgeplattet erscheint. Die viel kleinere Erde würde bei vergleichbarer Geschwindigkeit weniger als eine Stunde für ihre Rotation benötigen! Diese gewaltigen Kräfte bewirken ein äußerst turbulentes Wolkengeschehen in der Atmosphäre Jupiters mit Wirbelstürmen und Windgeschwindigkeiten über 500km/h. Außerdem ist Jupiter fast ein kleines »Sonnensystem« in sich, da er von über 60 Monden umkreist wird.

Beobachtungsspaß pur

Schon im kleinen Teleskop zeigt Jupiter einige Details und bietet Beobachtungsspaß für viele Stunden. Bei geringer Vergrößerung sehen Sie nahe des Planeten meistens zwei bis vier kleine Punkte, die auf einer Linie aufgereiht scheinen: die hellsten *Monde* Jupiters – Io, Europa, Ganymed und Kallisto. Gemeinsam umkreisen sie auf verschiedenen Umlaufbahnen den Göttervater. Nach ihrem Entdecker Galileo Galilei werden Sie auch *Galileische Monde* genannt. Da wir von der Seite auf die Bahnebenen der Monde schauen, können die Trabanten

Im Teleskop mit 60mm Öffnung sind die vier Galileischen Monde und zwei Wolkenbänder sichtbar. Wie auf der Aufnahme befinden sich jedoch regelmäßig Monde auch hinter der Jupiterscheibe.

auch vor oder hinter der Jupiterscheibe verschwinden. So sind meistens vier der Begleiter Jupiters, manchmal aber auch nur zwei oder drei gleichzeitig sichtbar. Über einige Stunden hinweg ist diese Bewegung zu erkennen.

Hell und Dunkel im Wechsel

Auf der Planetenscheibe selbst werden bei kleiner Vergrößerung die ersten Strukturen in Form von zwei dunklen, rotbräunlich und parallel verlaufenden Wolkenbändern sichtbar. Diese Bänder sind Teile der mächtigen Atmosphäre, deren oberste Schicht wir als Wolken sehen können. Sie werden nach ihrer Lage auf Jupiter Nördliches und Südliches Äquatorialband (NEB und SEB) genannt. Die hellen Wolkenschichten dazwischen heißen Zonen. Mit höheren Vergrößerungen ab etwa 120fach sind bei sehr ruhiger Luft auch Details in den Zonen in Form von dunklen Flecken und Streifen sichtbar. Die Bänder zeigen dagegen helle Bereiche. Dazu benötigen Sie jedoch einige Beobachtungserfahrung und Geduld, da diese Strukturen auf Grund ihres geringen Kontrastes und ihrer geringen Größe oft nur schwer erkennbar sind.

Wirbelsturm in Rot

Das mit der größten Spannung erwartete Beobachtungsziel dürfte wohl der *Große Rote Fleck*, auch GRF genannt sein: ein gigantischer Wirbelsturm in der Atmosphäre des Planeten, der schon vor etwa 150 Jahren gesichtet wurde. Im Teleskop ab 100mm Öffnung zeigt er sich meist als blasser ovaler Fleck – selten wirklich farbig – am Rande des Südäquatorialen Bandes. Oft ist der GRF jedoch nur indirekt sichtbar. Dann erkennen Sie seine Lage an der Bucht im SEB. Diese Bucht erscheint als Trennlinie zwischen dem GRF und dem SEB und zeigt einen stärkeren Kontrast. Somit werden Sie meist mehrere Anläufe für eine erfolgreiche Sichtung des GRF benötigen. Dafür ist die Freude einer ersten gelungen Beobachtung umso größer!

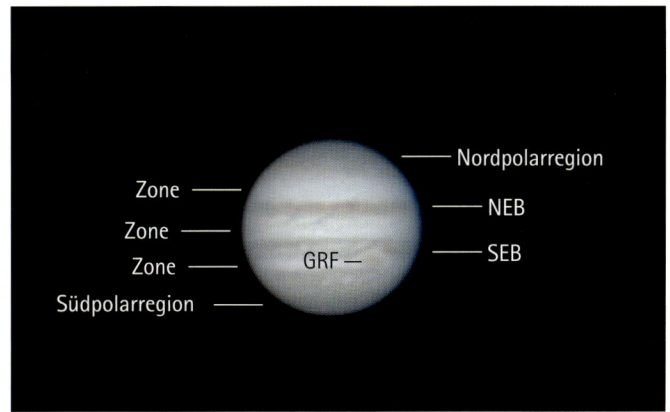

Beobachtungstipp: Ein besonderer Leckerbissen sind Schattendurchgänge der Monde Jupiters. Regelmäßig ziehen einige Monde vor der Jupiterscheibe vorbei, bei denen der Schatten des Trabanten auf der Wolkendecke sichtbar wird. Durch ein kleines Teleskop sind diese Schatten als tiefschwarze, winzige Punkte auf der Wolkenschicht erkennbar. Verwenden Sie am besten einen Vergrößerungsbereich von 80fach bis 100fach, da Sie für die Sichtung der Schatten keine hohe Vergrößerungen benötigen. So bleibt das Bild im Okular scharf und kontrastreich. In einem astronomischen *Jahrbuch* können Sie die Termine für diese Ereignisse leicht nachschlagen.

Bei optimalen Bedingungen können Sie mit einem optisch einwandfreien Teleskop zahlreiche Details auf der Wolkenoberfläche Jupiters sehen. Die Aufnahme zeigt den Planeten, wie er in einem Teleskop mit 114mm Öffnung sichtbar werden kann. Der reale Eindruck im Okular ist aber bei Vergrößerungen von 150- bis 200fach merkbar kleiner. Gut erkennbar ist der Große Rote Fleck (GRF) mit einer hellen Umrandung, der Bucht, halb eingebettet im SEB. An diesem Wirbelsturm können Sie auch leicht die Rotation Jupiters nachvollziehen, denn innerhalb von nur einer Stunde verändert der GRF mit der Umdrehung des Planeten deutlich seine Position. Ebenfalls sind einige Strukturen in den dunklen Wolkenbändern und hellen Zonen zu erkennen. Solche exzellenten Verhältnisse werden Sie in der Regel nur während weniger Nächte im Jahr haben. Die meiste Zeit wird die Luftunruhe (*Seeing*) solche hohen Vergrößerungen nicht ermöglichen. Versuchen Sie bei schlechtem Seeing in einem ruhigen Moment das Bild scharfzustellen und geduldig die nächste ruhige Phase für Detailbeobachtungen abzuwarten. Oft wird minutenlanges Beobachten mit wenigen Momenten belohnt, in denen die Strukturen der Wolkenoberfläche scharf zu sehen sind.

46 Saturn: Herr der Ringe

Der zu den *Gasriesen* gehörige Saturn ist mit 120536km Durchmesser nicht viel kleiner als Jupiter und rangiert somit an zweiter Stelle nach der Sonne im *Sonnensystem*. In einer Entfernung von durchschnittlich 1,4 Milliarden Kilometern benötigt Saturn etwa 29,5 Jahre für einen Sonnenumlauf. Ähnlich wie Jupiter rotiert Saturn am Äquator mit etwa 10h 28min sehr schnell um seine Achse. Seine Berühmtheit verdankt Saturn allerdings seinem Ringsystem, das so bei keinem anderen Planeten sichtbar ist. Dabei sind Ringe in unserem Sonnensystem durchaus keine Seltenheit. Jupiter, Uranus und Neptun besitzen ebenfalls Ringe, die aber zu schwach erscheinen, um in Amateurteleskopen gesehen werden zu können.

Ringe ohne Ende

In der Äquatorebene ist Saturn von einem System aus über 100000 einzelnen, voneinander getrennten Ringen umgeben. Der innerste Ring beginnt schon etwa 7000km über der Oberfläche Saturns und hat eine Größe von 134000km, der Äußerste hat den gigantischen Durchmesser von 960000 km. Das ist mehr als das Doppelte der Entfernung Erde-Mond! Das fantastische Gebilde besteht aus Milliarden einzelner Gesteins- und Eisbrocken, von der Größe eines Staubkorns bis hin zur Größe eines Hauses. Im Vergleich zum Durchmesser ist die Dicke der Ringe allerdings winzig: nur weniger als 1 km. Eine große Lücke im Ringsystem bildet die *Cassini-Teilung* mit einer Breite von 4700km.

Das ABC der Ringe

Das Ringsystem Saturns wird in sieben Hauptringe unterteilt. Ausgehend vom Planeten werden diese als D-, C-, B-, A-, F-, G- und

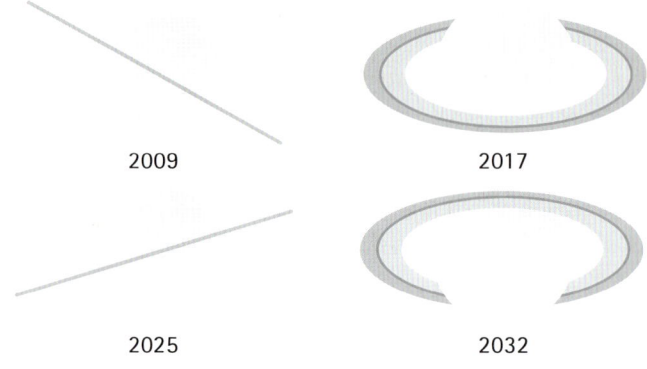

2009   2017

2025   2032

Die Veränderung der Ringstellung Saturns in den nächsten Jahren, wie wir diese von der Erde aus verfolgen können. 2009 wird das Ringsystem genau von der Seite aus sichtbar (Kantenstellung) und 2017 bei maximal »geöffnetem« Ring, mit Blick auf die Nordseite.

E-Ring in der Reihenfolge ihrer Entdeckung bezeichnet. Im Teleskop sind davon allerdings nur die Ringe A bis C sichtbar, die insgesamt einen Durchmesser von 270000km erreichen. Ein kleines Teleskop mit 60mm Öffnung zeigt den Ring zweigeteilt: ein dunkler äußerer Bereich, der A-Ring und ein innerer heller Bereich, der B-Ring. Mit 70mm oder 80mm Öffnung wird es möglich, auch die Cassini-Teilung als dunkle, wie mit dem Zirkel gezogene hauchdünne Linie zu erkennen. In Nächten mit gutem Seeing ist der Anblick unvergleichlich und fast unwirklich, besonders wenn auch der Schatten Saturns auf der Ringebene erkennbar wird, der die Szenerie plastisch erscheinen lässt. Der schwach schimmernde innere C-Ring ist allerdings nur in einem größeren Teleskop sichtbar.

Drunter und drüber

Durch die Neigung der Saturnachse um knapp 27° gegen die *Ekliptik* sehen wir die Ringe im Laufe eines Saturnjahres unter einem ständig veränderten Winkel: Mal schauen wir »von oben« auf das Ringsystem, mal genau »von der Seite«, so dass die Ringe praktisch nicht sichtbar sind, und mal »von unten«. Zurzeit blicken wir noch auf die Südseite des Systems, jedoch bereits 2009 sehen wir genau auf die Kante der Ringe und 2017 werden wir wieder unter maximalem Winkel auf die Nordseite der Ringe blicken.

Nicht nur Ringe

Trotz einer sehr turbulenten Atmosphäre mit Windgeschwindigkeiten bis zu 1500km/h sind markante Strukturen, wie auf der Wolkenberfläche Jupiters, nicht sichtbar. Die Atmosphäre erscheint in einem

> **Beobachtungstipp:** Im kleinen Teleskop mit 70mm Öffnung können Sie die Merkmale des Saturns gut beobachten. Den Ring erkennen Sie schon deutlich bei einer Vergrößerung von 60fach. Mit einer höheren Vergrößerung bei etwa 100fach wird der Anblick plastisch und der Ring scheint den Planeten zu umschweben. Die Cassini-Teilung ist schwieriger zu sehen: Hierzu benötigen Sie sehr gutes Seeing, welches eine Vergrößerung von etwa 100fach bis 120fach zulässt. Konzentrieren Sie sich dabei zuerst auf die äußeren Bereiche des Rings, links und rechts des Planeten. Dort erscheint die Cassini-Teilung auf Grund der Perspektive breiter und leichter erkennbar. Bei geringer Ringneigung, wie sie zurzeit und in den nächsten Jahren herrscht, sind die Bedingungen dafür jedoch nicht günstig.

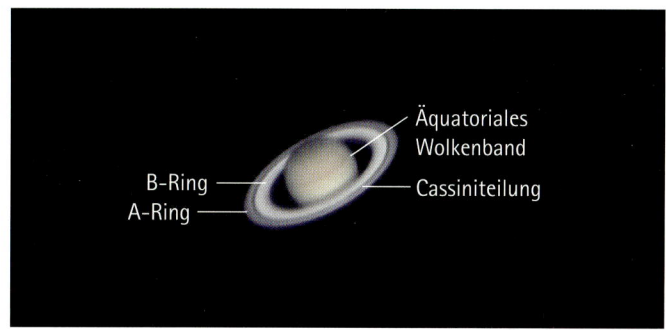

Äquatoriales Wolkenband

B-Ring

A-Ring

Cassiniteilung

Ein Teleskop mit 114mm Öffnung zeigt deutlich den A-Ring und den helleren B-Ring. Beide sind durch die dunkle Cassini-Teilung voneinander getrennt. Die schwachen Wolkenbänder Saturns werden als leichte Farb- und Helligkeitsunterschiede auf der Planetenscheibe sichtbar. Im Teleskop erscheint Saturn aber deutlich kleiner als es die Aufnahme zeigt. Aus einer Entfernung von etwa 2m betrachtet, erhalten Sie einen ungefähren Eindruck der Ansicht im Okular.

Ockerton und bei etwa 100facher Vergrößerung wird ein breites, etwas dunkler erscheinendes Wolkenband um den Äquator sichtbar. Dafür bietet Saturn noch eine andere Attraktion: Titan, den hellsten seiner 60 Monde. Diesen Trabanten können Sie auch im kleinen Teleskop als schwaches »Sternchen« nahe dem Planeten beobachten. In einem astronomischen *Jahrbuch* oder mit einer Planetariumssoftware lässt sich seine Position bestimmen. Die europäische Raumsonde »Huygens« landete am 14.1.2005 erfolgreich auf der Oberfläche Titans – so wird Raumfahrt im Teleskop lebendig.

47 Portrait: die Doppelsterne Albireo und Epsilon Lyrae

Der Sommerhimmel in der Gegend des Sternbilds Schwan ist mit einer imposant strukturierten Milchstraße eine der schönsten Regionen des Himmels. Dort finden Sie zwei attraktive Ziele, die auf den ersten Blick unscheinbar sind und erst bei näherer Betrachtung ihre Doppelleben preisgeben: die *Doppelsterne* Albireo im Schwan und Epsilon Lyrae in der benachbarten Leier.

Mit dem bloßen Auge

Für den äußerst scharfäugigen Beobachter bietet sich das Paar Epsilon Lyrae an, etwa 1,5° nordöstlich der hellen Wega. Dort finden Sie ein etwa 5^m schwaches Sternchen, das sich als Paar Esilon-1 und Epsilon-2 mit 208 *Bogensekunden* Abstand entpuppt. Dieser Zwischenraum ist gerade so groß, dass er noch für sehr scharfe Augen trennbar ist. Dafür muss jedoch der Himmel genügend dunkel sein und das Seeing sehr gut. Versuchen Sie trotzdem einmal Ihr Glück!

Durch das Fernglas

Albireo, der den Schnabel des Schwans darstellt, ist ein Doppelstern mit einem außerordentlich hübschen Farbkontrast: Die orangefarbene Sonne – ein Überriese mit 3^m,1 Helligkeit – wird von einer heißen blauen Sonne mit 5^m,1 Helligkeit begleitet. Der deutliche Helligkeitsunterschied macht dem Fernglas zu schaffen und es ist nicht ganz einfach, das Paar zu trennen. Mit nur 7facher oder 10facher Vergrößerung wird der schwächere Stern leicht überstrahlt, bei 15facher Vergrößerung gelingt das Trennen jedoch sicher. Epsilon Lyrae dagegen ist für Ferngläser jeder Größe ein leichtes Ziel.

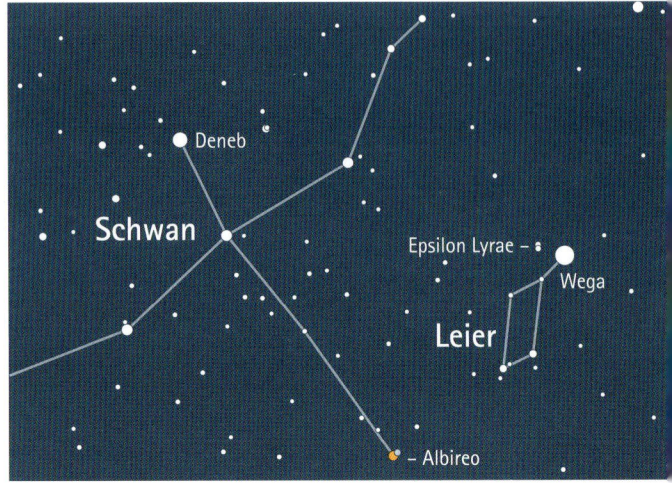

Im Teleskop

Im Teleskop können Sie sich die Farben Albireos besonders gut vor Augen führen: Stellen Sie die beiden Sonnen leicht unscharf, so dass Sie anstatt zweier Punkte zwei kleine Scheibchen sehen. Das Licht wird dadurch auf eine größere Fläche verteilt und der Farbkontrast deutlicher. Versuchen Sie verschiedene Vergrößerungen bis der Far beindruck deutlich wird.

Epsilon Lyrae gibt erst im Teleskop sein Geheimnis preis. Ab etwa 100facher Vergrößerung zeigen sich die Sterne des Paars ebenfalls doppelt, sozusagen ein doppelter Doppelstern. Die Sterne A und B von Epsilon-1 umkreisen sich in einem Abstand von 2,7 Bogensekunden und die Sonnen C und D von Epsilon-2 in 2,3 Bogensekunden Ent fernung. Damit sind beide auch in einem Teleskop mit 80mm Öffnung als Vierfach-System erkennbar.

Oben: Albireo in einem Teleskop mit 114mm Öffnung und 100facher Vergrößerung.

Rechts: Fotografie Albireos mit seinem unvergleichlichen Farbenspiel.

Beobachtungstipp Doppelsterne: Bei der Beobachtung von Doppelsternen ist das oberste Gebot ein hervorragendes *Seeing*! Stellen Sie deshalb in einer Nacht, die diese Bedingung erfüllt, einige Doppelsterne an die erste Stelle Ihrer Beobachtungsliste und wagen sich an die maximale Vergrößerung Ihres Teleskops. Sehr enge Sternpaare, die Ihr Teleskop an die Grenze seines Leistungsvermögens bringen, benötigen absolut ruhige Luft, da ansonsten die beiden Sternscheibchen ineinander »verlaufen« würden. Ebenfalls sollte das Teleskop ausreichend Zeit gehabt haben, sich an die Umgebungstemperatur anzupassen und einwandfrei justiert sein. Stellen Sie das Ziel im Teleskop ein und steigern die Vergrößerung so weit, dass Sie noch ein weitgehend ruhiges Bild erhalten. Da Doppelsterne, deren Partner keinen allzu großen Helligkeitsunterschied zeigen, nicht unbedingt einen sehr dunklen Himmel benötigen, lohnt sich auch eine Beobachtung aus der Stadt heraus, wenn die generell schlechteren Seeingbedingungen der städtischen Umgebung dies zulassen.

48 Portrait: die Offenen Sternhaufen M 45 und h+chi

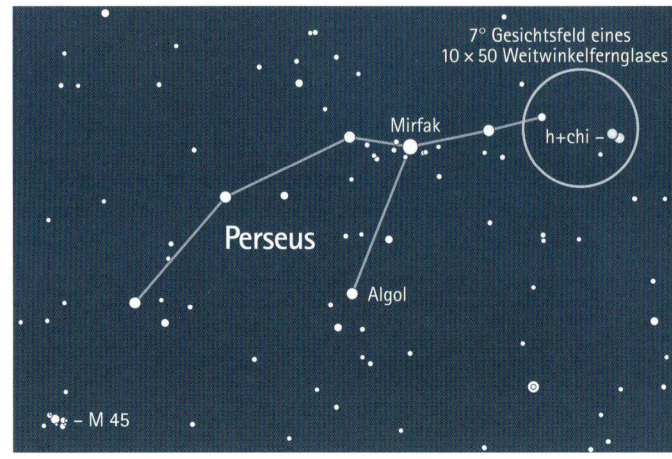

Die *Offenen Sternhaufen* (engl. Open Cluster, OC) scheinen auf den ersten Blick nicht so verlockende Ziele wie ferne Galaxien und Nebel zu sein. Sie sind jedoch für den Einsteiger ein wunderbares Testgelände für die ersten Schritte am Firmament. Sie finden Objekte, die schon mit dem bloßen Auge sichtbar sind sowie weit entfernte Sternhaufen, die nur im Teleskop als solche erkennbar werden.

Mit dem bloßen Auge

Die Plejaden sind der Klassiker unter den Offenen Sternhaufen und auch aus der Stadt heraus als Aufhellung am Nachthimmel erkennbar. Ist der Himmel an Ihrem Standort etwas dunkler, gibt das Siebengestirn, wie M 45 auch genannt wird, seine hellsten Sterne preis: Alkyone, Merope, Elektra, Maia und Taygeta, allesamt Töchter des Atlas, dem Titanen aus der griechischen Mythologie. Atlas zählt selbst auch zu den hellsten Sternen von M 45. Unter besseren Bedingungen sind auch die Mutter Pleione und die Töchter Celaeno und Asterope sichtbar. Der Doppelsternhaufen h+chi (gesprochen ha und chi), NGC 869/884, im Sternbild Perseus ist anspruchsvoller und verlangt nach einem schon recht dunklen Himmel. Ab etwa 5,5 *Grenzgröße* sollte die Sternansammlung für Sie sichtbar werden.

Durch das Fernglas

Beide Sternhaufen sind wie für das Fernglas geschaffen! Die beachtliche Größe von M 45 mit fast vier Vollmonddurchmessern ist damit am besten zu erfassen. Im Fernglas leuchten etwa 30 Sterne, von denen die hellsten sieben als markante Figur sofort ins Auge springen und die Sie an ein nicht weniger bekanntes Sternmuster erinnern werden: den Großen Wagen. Ein hübsches Detail ist eine gebogene Sternkette, die nahe bei Alkyone beginnend in Richtung Südosten dem Haufen entspringt. Während das Siebengestirn Sie schwärmen lässt, wird der Doppelsternhaufen h+chi Sie hellauf begeistern. Die Haufen bilden ein Paar in etwa 7000 *Lichtjahren* Entfernung mit nur wenigen hundert Lichtjahren Abstand zueinander. Bereits im 8×30-Fernglas präsentiert sich h+chi als doppelte Sterninsel, dicht gedrängt mit hauptsächlich blauweißen und einigen orangefarbigen Sternen vor dem diffusen Leuchten unaufgelöster Haufenmitglieder.

Im Teleskop

Damit der Sternhaufeneindruck nicht verloren geht, sollten Sie sowohl die Plejaden als auch h+chi bei kleinster Vergrößerung und wenn möglich mit einem *Gesichtsfeld* von mindestens 2° betrachten. Beide

Haufen büßen ansonsten einiges von ihrer Schönheit ein. Im Teleskop wird inmitten von M 45 eine graziöse Gruppe aus drei Sonnen nahe bei Alkyone sichtbar. Bei h+chi lohnt sich auch einmal ein Versuch mit höheren Vergrößerungen: Im Zentrum von NGC 869 zum Beispiel können Sie eine halbkreisförmige Sternkette mit einer einzelnen Sonne gegenüber diesem Bogen entdecken.

Beobachtungstipp Offene Sternhaufen: Die größten und hellsten der Offenen Sternhaufen, wie die Plejaden, die Hyaden, der Perseus-Bewegungshaufen Mel 20, Mel 111 oder die Krippe M 44, sind auch aus der Stadt heraus mit dem Fernglas gut beobachtbar und zeigen schon die Vielfalt dieser Mitglieder unserer Milchstraße. Als nächste, etwas anspruchsvollere Stufe bieten sich z.B. M 35, M 36/37/38 an, die auch bei einem etwas aufgehellten Himmel im kleinen Teleskop einen schönen Anblick zeigen. Gemeinsam ist diesen Sternhaufen, dass sie einen relativ großen Durchmesser am Himmel haben: etwa bis Vollmondgröße. Verwenden Sie eine niedrige Vergrößerung und ein großes Gesichtsfeld, damit der Sternhaufeneindruck erhalten bleibt, ansonsten sehen Sie quasi den Wald vor lauter Bäumen nicht und übersehen den Haufen. Schlagen Sie deshalb bei einem noch unbekannten Haufen im Sternatlas vorab die Größe nach. An einem wirklich dunklen Standort können Sie sich auch an kleinere Ziele wagen, die größere Öffnungen und höhere Vergrößerungen benötigen, zum Beispiel M 50, M 103 oder NGC 7789 in der Kassiopeia. Offene Sternhaufen sind praktisch in jeder Beobachtungsnacht mit passablen Beobachtungsbedingungen ein lohnendes Ziel.

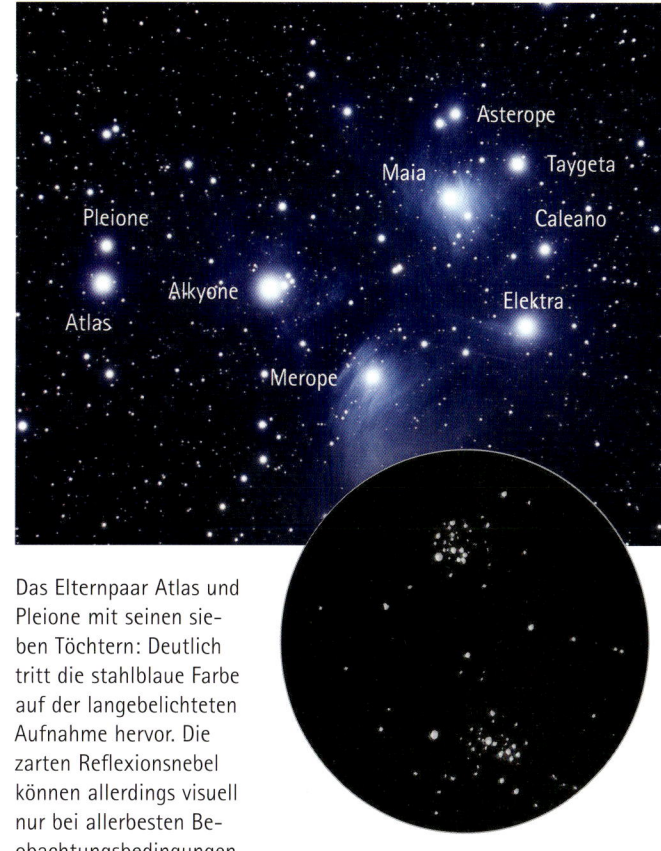

Das Elternpaar Atlas und Pleione mit seinen sieben Töchtern: Deutlich tritt die stahlblaue Farbe auf der langebelichteten Aufnahme hervor. Die zarten Reflexionsnebel können allerdings visuell nur bei allerbesten Beobachtungsbedingungen als leichter Hauch sichtbar werden. Die Zeichnung von h+chi vermittelt einen guten Eindruck über den Anblick in einem Teleskop mit 114mm Öffnung bei 36facher Vergrößerung und entsprechendem Gesichtsfeld.

49 Portrait: die Galaktischen Nebel M 42 und M 1

Unter den Deep-Sky-Objekten würden alleine schon die *Galaktischen Nebel* (engl. Galactic Nebula, GN) Beobachtungsstoff für ein ganzes Astronomenleben bieten. Für Teleskope jeder Öffnung finden sich interessante Ziele: helle ausgedehnte *Emissionsnebel*, zart leuchtende *Reflexionsnebel* und mächtige *Dunkelnebel*, die das Licht der dahinter liegenden Sterne verbergen. Zwei Mitglieder dieser großen Gemeinschaft sind jedoch auf ihre eigene Weise herausragend: der Orionnebel M 42, der hellste Galaktische Nebel am Himmel und der Krebsnebel M 1, dessen Geburt vor fast tausend Jahren auch am Tage sichtbar war.

Mit dem bloßen Auge

In sehr klaren und dunklen Winternächten ist im Orion das diffuse Glühen von M 42 mit *Indirektem Sehen* wahrnehmbar. Diese gewaltige Gaswolke beherbergt in ihrem Inneren ein nur etwa eine Million Jahre junges Sternennest, dessen Strahlung das Gas zum Aufleuchten bringt.

Durch das Fernglas

Im Fernglas stellen sich M 42 und M 1 als zwei sehr unterschiedliche Ziele dar. Der Orionnebel ist bereits im kleinen Fernglas mit 30mm Öffnung als nebelhafter Schimmer sichtbar. Mit zunehmender Öffnung erscheint der Nebel immer ausgedehnter und strukturierter. Ein dunkler Vororthimmel und ein 70mm-Fernglas präsentieren M 42 als vollmondgroße Fläche und lassen an seinem nördlichen Rand zwei helle bogenförmige Gebiete erkennen, die »Schwingen« des Orionnebels. Auffallend sind vier dicht beieinander stehende Sterne, das »Trapez« im Zentrum des Nebels. Hier können Sie Sternentstehung (fast) live verfolgen! M 1 dagegen bleibt gerne im Verborgenen. Im Jahre 1054 sah das jedoch ganz anders aus: Damals war die Geburt des Krebsnebels in Form einer *Supernova* als heller Stern sogar am Taghimmel mehrere Wochen sichtbar. Heute mussen Sie jedoch schon genau an die richtige Stelle schauen, damit Sie im Fernglas M 1 als ein winziges lichtschwaches Wölkchen erkennen können, den Überrest dieser gewaltigen Sternexplosion.

Im Teleskop

Viel mehr ist auch im kleineren und mittleren Teleskop von M 1 nicht erkennbar, lediglich seine leicht gebogene ovale Form zeichnet sich deutlich ab. Der Orionnebel jedoch trumpft im Teleskop erst richtig auf. Das Trapez kann jetzt in seine vier Sterne aufgelöst werden

Auf der lang belichteten Aufnahme wird die ganze Ausdehnung des Orionnebels sichtbar. Das helle Gebiet im Zentrum – die Huygens-Region beherbergt das »Trapez«. Die Zeichnung von M 1 entstand an einem 114mm-Newton bei 56facher Vergrößerung.

und die Nebelregionen offenbaren unvergleichliche Strukturen. Beschäftigen Sie sich ruhig einmal einen ganzen Beobachtungsabend mit deren Erkundung und probieren unterschiedliche Vergrößerungen aus, die immer wieder andere Details sichtbar werden lassen. M 42 ist auch die richtige Spielwiese für Ihren *Nebelfilter*, der hier gut zur Geltung kommt.

Beobachtungstipp Galaktische Nebel: Wie bei den Galaxien bringt den meisten Beobachtungsgewinn ein dunkler Himmel. Besonders Reflexionsnebel und Dunkelnebel erfordern einen erstklassigen Beobachtungsstandort, der Ihnen die Chance auf den Genuss einer Sichtung ermöglicht. Ohne eine strukturiert erkennbare Milchstraße bleiben besonders die Dunkelnebel meist verborgen. Ein Nebelfilter zeigt bei diesen Objekten in der Regel keine Wirkung. Eine Ausnahme ist der bekannte Pferdekopfnebel im Orion: Durch die Verwendung eines Nebelfilters wird der den Pferdekopfnebel umgebende Emissionsnebel im Teleskop ab 200mm Öffnung selbst unter erstklassigem Himmel überhaupt erst sichtbar – und auch somit der Pferdekopfnebel. Die Emissionsnebel sprechen generell gut auf die Verwendung eines Nebelfilters an. Damit werden auch bei hellerem Himmel in Stadtnähe Galaktische Nebel wie zum Beispiel der Schwanennebel M 17 erreichbare Ziele.

50 Portrait: die Planetarischen Nebel M 27 und M 57

Die Klasse der *Planetarischen Nebel* (engl. Planetary Nebula, PN) beherbergt viele Ziele mit so spannenden Namen wie Eskimonebel, Hantelnebel, Eulennebel oder Ringnebel und tatsächlich können diese Objekte im Teleskop eine Vielzahl von Formen und Strukturen zeigen, die die Fantasie des Betrachters anregen. Zwei besonders berühmte und viel besuchte Vertreter dieser Gattung sind gar nicht so schwer zu entdecken und versprechen schnell erste Fortschritte in der Beobachtung von Planetarischen Nebeln.

Durch das Fernglas

Der Ringnebel M 57 ist für das Fernglas ein ernst zu nehmendes Ziel. Zwar ist der Nebel schon bei einem dunklen Vororthimmel sichtbar – aber keine Spur von einem Ring oder wenigstens einer kleine flächigen Scheibe. Sie benötigen auf jeden Fall eine genaue Karte, um das nur 1,2 *Bogenminuten* kleine leicht diffuse Sternchen als Ringnebel zu identifizieren. Im Gegensatz dazu ist der Hantelnebel M 27 mit einer Größe von 8×4 Bogenminuten schon riesig, sehr hell und wesentlich auffälliger. Selbst im kleinen Fernglas haben Sie damit schnell ein Erfolgserlebnis. Etwas nördlich der Spitze des Sternbilds Pfeil ist er als kleiner flauschiger Ball erkennbar.

Im Teleskop

Beide Nebel sind im Teleskop ergiebige Objekte, die eine Menge an Details preisgeben können. Voraussetzung beim Ringnebel ist allerdings eine recht hohe Vergrößerung von etwa 100fach. Ein Teleskop mit 80mm Öffnung zeigt schon das typische Bild des Rauchrings. Wa-

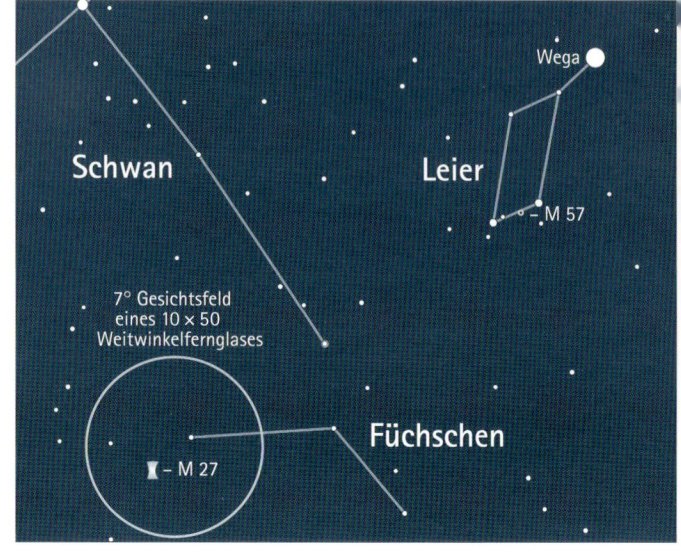

gen Sie sich ruhig auch einmal an die maximale Vergrößerung heran, vielleicht erkennen Sie seine leicht ovale Form. Der charakteristische Umriss des Hantelnebel ähnelt dem einer Sanduhr. Diese Gestalt wird schon ab einer Vergrößerung von etwa 50fach wahrnehmbar. Erhöhen Sie auch hier schrittweise die Vergrößerung Ihres Teleskops, so dass Sie vielleicht schon die ersten Strukturen wie hellere Verdichtungen in den Randbereichen von M 27 erspähen können. Beide Nebel sprechen sehr gut auf die Verwendung von *Nebelfiltern* an.

Die schöne Färbung des Hantelnebels wird im Teleskop leider nicht sichtbar, trotzdem ist es immer wieder ein Genuß, die typische Gestalt von M 27 im Fernrohr zu sehen. Im Teleskop sind bei Verwendung eines Nebelfilters ebenfalls links und rechts der Sanduhrform die schwachen Ausläufer des Nebels, die sog. »Ohren« von M 27 sichtbar. Die Zeichnung des Ringnebels M 57 wurde an einem Teleskop mit 114mm Öffnung bei 90facher Vergrößerung angefertigt.

Beobachtungstipp Planetarische Nebel: Das Hauptmerkmal der Planetarischen Nebel ist Ihre geringe scheinbare Größe am Himmel. Viele dieser Deep-Sky-Objekte sind kleiner als eine Bogenminute groß. Der Hantelnebel ist schon ein wahrer Gigant dieser Objektklasse. Zum erfolgreichen Auffinden sollten Sie deshalb einigermaßen geübt im Star-Hopping sein und gut vorbereitet mit einer genauen Aufsuchkarte oder einem Sternatlas auf die Suche gehen. Erkunden Sie schon zu Hause die beste Strecke zum »Sternhüpfen« und zeichnen diese in Ihre Karte ein. Durchsichtige Schablonen, die die Gesichtsfelder Ihrer Okulare und des Suchers darstellen, helfen dabei enorm. Planetarische Nebel erscheinen beim Aufsuchen bei niedrigen Vergrößerungen oftmals nur als kleiner unscharfer Stern, der zuerst leicht übersehen wird. Nach einiger Zeit erlernen Sie aber den richtigen Blick dafür. Ein dunkler Himmel macht natürlich wesentlich mehr Details erkennbar und erlaubt hohe Vergrößerungen, die für das Wahrnehmen von Strukturen in den Nebeln Voraussetzung sind. Aber selbst bei einem Vororthimmel sind viele Planetarische Nebel aufzuspüren. Hier lassen sich ganz besonders gewinnbringend Nebelfilter einsetzen, die das störende Stadtlicht zu einem Teil abblocken können. Diese Filter gehören deshalb zur Grundausstattung des Liebhabers Planetarischer Nebel. Noch besser dafür sind OIII-Filter geeignet, die nur das Licht einer Sauerstofflinie im grünen Spektralbereich durchlassen, in der Planetarische Nebel besonders intensiv leuchten, der Nachthimmel jedoch nur wenig.

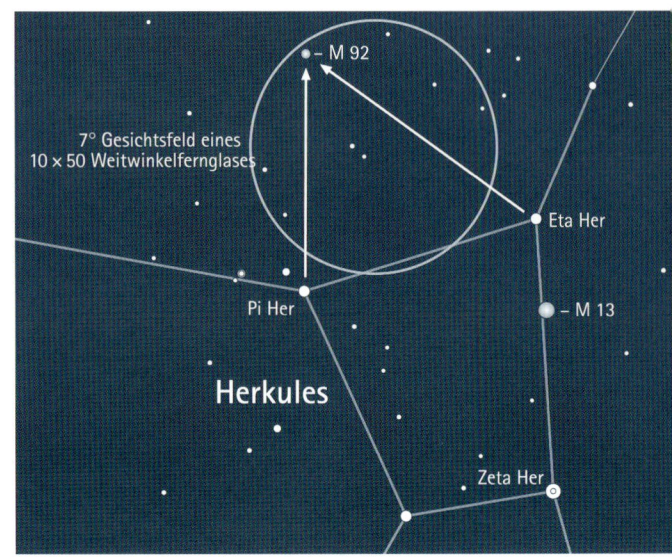

Portrait: die Kugelsternhaufen M 13 und M 92

Der Sommer ist die Hochzeit der *Kugelsternhaufen* (engl. Globular Cluster, GC): Vom Schützen und Skorpion über den Schlangenträger bis hin zum Herkules präsentieren sich über ein Dutzend dieser *Deep-Sky-Objekte*. Die Vertreter M 92 und der wohl am meisten besuchte Kugelsternhaufen M 13 zeigen sich jetzt in Bestform.

Mit dem bloßen Auge

M 13, der größere der beiden Haufen ist mit einer Helligkeit von 5^m7 an einem dunklen Standort gerade so mit dem bloßen Auge als kleiner unscharfer Stern erkennbar. Das Leuchten von über einer Million Sonnen ist hier vereint. Innerhalb eines solchen Kugelsternhaufens wäre der Himmel niemals wirklich dunkel und mit tausenden von Sternen übersät, die heller als die Venus strahlten. Auf seiner Wanderung um das Milchstraßenzentrum, befindet sich M 13 gerade in einer Distanz von etwa 26000 Lichtjahren, sein Nachbar M 92 ist mit etwa 27000 Lichtjahren nur wenig weiter entfernt. Der »kleine Bruder« von M 13 beheimatet allerdings deutlich weniger Sonnen in seinem Inneren. Die Helligkeit erreicht auch nur einen Wert von 6^m5. Mit dem bloßen Auge ist er deshalb in Deutschland allenfalls im Hochgebirge sichtbar.

Durch das Fernglas

Für beide Sternhaufen ist eine erste Annäherung mit dem Fernglas empfehlenswert. Auf diese Weise sind beide recht einfach zu finden und ihre Positionen am Himmel für eine spätere Beobachtung mit dem Teleskop schnell erlernt. Starten Sie an der oberen Ecke des Herkulesvierecks. Schon auf einem Drittel der Verbindungslinie von Eta zu

Zeta Herculis springt Ihnen ein heller »flauschiger« Ball ins Auge: M 13. Dagegen ist sein Nachbar M 92 schon ein wenig schwieriger zu entdecken, da er deutlich schwächer und kleiner erscheint und damit leicht im Sterngewimmel übersehen wird. Sie finden ihn an der Spitze eines Dreiecks, das aus den Sternen Pi und Eta Herculis und dem Haufen selbst gebildet wird. M 92 erscheint im Fernglas lediglich als kleiner verschwommener Punkt.

Im Teleskop

Bei der Beobachtung mit einem Teleskop laufen beide Sternhaufen zur Höchstform auf: Mit 80mm Öffnung erscheinen sie unter einem dunklen Himmel an den Rändern leicht gesprenkelt – hier und da blitzen schon die ersten Sterne auf. Mit zunehmender Öffnung wird der Anblick immer fantastischer und bei 200mm Öffnung ist M 13 bis ins Zentrum in Hunderte von einzelnen Sternen aufgelöst – ein unvergleichlicher Anblick! Für M 92 ist dafür jedoch mit 300mm noch deutlich mehr an Öffnung nötig.

Rechts: Fotografie von M 13 mit einem Teleskop von 275mm Öffnung. Oben: der visuelle Eindruck in einem Teleskop mit 114mm Öffnung unter dunklem Himmel.

Beobachtungstipp Kugelsternhaufen: Kugelsternhaufen wirken besonders eindrucksvoll, wenn Sie im Teleskop aufgelöst werden, das heißt, Sie können die einzelnen Sterne innerhalb des Haufens erkennen. Große helle Kugelsternhaufen wie M 13 lassen sich bis ins Zentrum in Sterne auflösen, bei den meisten anderen Haufen ist dies nur in den Randbereichen möglich. Da Kugelsternhaufen am Himmel nur sehr klein erscheinen, benötigen Sie dazu hohe Vergrößerungen ab etwa 150fach und eine Teleskopöffnung ab 200mm. Je nach Öffnung des Teleskops können Sie sich auch an höhere Vergrößerungen heranwagen. Nutzen Sie dazu eine Nacht mit sehr gutem Seeing. Ebenfalls ist ein Versuch lohnend, wenn der Himmel nicht sehr transparent ist und schwache neblige Objekte verbirgt. An einen dunklen Standort wird ein solches Deep-Sky-Objekt immer leichter auflösbar sein, trotzdem sind die hellsten Kugelsternhaufen auch an einem helleren Beobachtungsplatz wie einem Vorort oder sogar aus der Stadt heraus gut sichtbar. Erwarten Sie hier allerdings nicht die Pracht wie in einer dunklen Sommernacht auf dem Land. *Nebelfilter* helfen bei der Beobachtung nicht, da sie das Licht der Sterne wie des Himmels gleichermaßen abschwächen und so keine Kontrastverbesserung bewirken.

52 Portrait: das Galaxienpaar M 81 und M 82

Galaxien (engl. Galaxy, Gx) sind Deep-Sky-Objekte mit einer starken Anziehungskraft auf den Sternfreund. Vielleicht liegt dies daran, dass sie Gebilde darstellen, die unserer Milchstraße oft sehr ähnlich sind. Möglicherweise blicken wir bei der Betrachtung einer fernen Galaxie auch auf die Heimat außerirdischen Lebens. Die Chancen dafür stehen gar nicht so schlecht, denn von der Erde aus können wir theoretisch geschätzte 100 Milliarden Galaxien beobachten. Zwei davon zeigen sich im Frühjahr von ihrer besten Seite: das Galaxienpaar M 81 und M 82.

Rendezvous mit Folgen

Vor vielen 10 Millionen Jahren hatten die beiden ein folgenschweres Rendezvous, bei dem sie sich so nahe gekommen sind, dass es nicht ohne Folgen blieb: Bei M 82 setzte starke Sternentstehung ein, ihr Partner M 81 scheint davon jedoch weitgehend unberührt geblieben zu sein.

Durch das Fernglas

Beide Sterninseln sind zu lichtschwach um mit dem bloßen Auge erkannt zu werden. Für das Fernglas sind sie jedoch ein erreichbares Ziel. Die 6ͫ8 helle Galaxie M 81 präsentiert sich als kleines Oval, umgeben von einem schwachen Halo. M 82 ist im gleichen Gesichtsfeld nur etwa 1° nördlich sichtbar und zeigt sich von der Seite als längliche »zigarrenförmige« Struktur, ihre Helligkeit ist mit 8ͫ4 deutlich geringer.

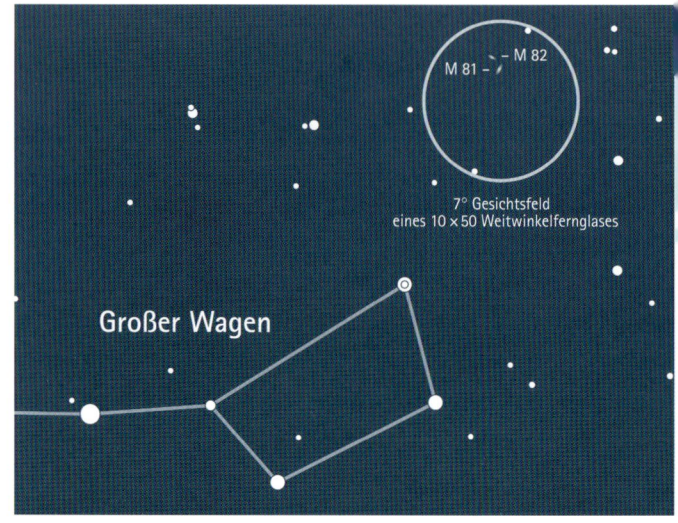

7° Gesichtsfeld
eines 10 × 50 Weitwinkelfernglases

Großer Wagen

Im Teleskop

Der besondere Reiz der Beobachtung des Paares liegt in der Sichtbarkeit im gleichen Gesichtsfeld. Starten Sie mit einer kleinen Vergrößerung von zum Beispiel 30fach und mit einem Weitwinkelokular, ideal wäre ein *tatsächliches Gesichtsfeld* von 1,5° oder mehr. Der Anblick beider Galaxien, die förmlich vor Ihnen im Raum schweben, ist fast nicht zu glauben: Hier erreicht Sie das Licht zweier Welten, das ca. 12 Millionen Jahre unterwegs war. Bei höheren Vergrößerungen verliert sich dieser Eindruck. Allerdings lohnt sich ein näherer Blick, besonders auf M 82. Ab Teleskopöffnungen von etwa 120mm und mit einer Vergrößerung jenseits von 100fach öffnet sich eine neue Welt. In der schmalen Scheibe zeigen sich dann dunkle Bänder, Flecken und dichtere helle Stellen: die Spuren großer Staub- und Gasmassen in der Ebene der Galaxie.

Haben Sie allerdings Geduld, denn diese Einzelheiten zeigen sich nicht auf den ersten Blick. M 81 offenbart jedoch in der Regel auch bei höheren Vergrößerungen und Öffnungen nicht mehr als ein ovales Leuchten mit einem hellen Kern.

Die Spiralgalaxie M 81 sehen wir so, dass die Spiralarme sichtbar werden, die irreguläre Galaxie M 82 zeigt sich dagegen genau von der Seite. Die Zeichnung gibt den Eindruck in einem Teleskop mit 114mm Öffnung und etwa 36facher Vergrößerung wieder.

Beobachtungstipp Galaxien: Wenn Sie auf Galaxienjagd aus sind, suchen Sie den dunkelsten Himmel, den Sie finden können und eine Nacht mit ausgezeichneter Transparenz. Hier machen $0^m_{.}5$ in der *Grenzgröße* den Unterschied zwischen einem diffusen nebligen Fleck und einer detaillierten und spannenden Beobachtung aus - oder im schlimmsten Fall sogar zwischen sehen und nicht sehen. Hegen Sie besser keine großen Erwartungen mit Öffnungen unter 120mm, damit bleiben Strukturen meist verborgen. Für den noch ungeübten Beobachter bedeutet eine größere Öffnung von z.B. 200mm einen leichteren Einstieg. Passen Sie die Vergrößerung dem Objekt und den jeweiligen Bedingungen an: Ist der Himmelshintergrund zu hell, kann sich eine lichtschwache Galaxienscheibe nicht durchsetzen. Erhöhen Sie dann die Vergrößerung, bis der Hintergrund einen optimalen Kontrast zur Galaxie zeigt. Übertreiben Sie dabei allerdings auch nicht, denn dann wird das Objekt zu dunkel. *Nebelfilter* haben keine Wirkung, sie sind im Gegenteil sogar nachteilig, da sie das Licht der Galaxie stark dämpfen. Planen Sie Ihre Beobachtung so, dass Sie das Ziel möglichst an seinem höchsten Stand am Himmel ins Visier nehmen. Optimal dafür sind Beobachtungsplaner, wie die Software Eye & Telescope oder verwenden Sie eine drehbare Sternkarte zur Bestimmung dieses Zeitpunktes.

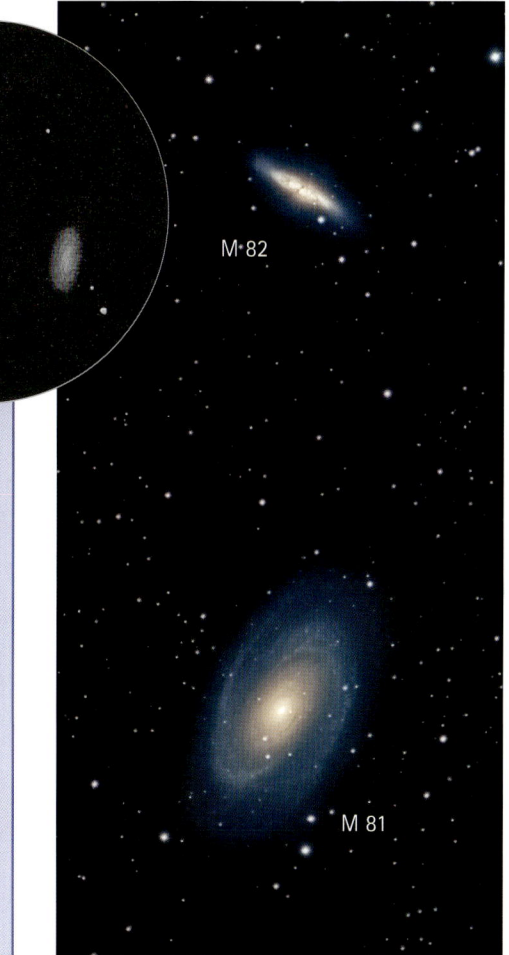

M 82

M 81

Der Nachthimmel im Januar/Februar

1. Januar 0:00 MEZ, 1. Februar 22:00 MEZ, 1. März 20:00 MEZ

Der Nachthimmel im März/April

1. März 0:00 MEZ, 1. April 23:00 MESZ, 1. Mai 21:00 MESZ

Der Nachthimmel im Mai/Juni

1. Mai 1:00 MESZ, 1. Juni 23:00 MESZ, 1. Juli 21:00 MESZ

Der Nachthimmel im Juli/August   1. Juli 1:00 MESZ, 1. August 23:00 MESZ, 1. September 21:00 MESZ

Der Nachthimmel im September/Oktober 1. September 1:00 MESZ, 1. Oktober 23:00 MESZ, 1. November 20:00 MEZ

Der Nachthimmel im November/Dezember 1. November 0:00 MEZ, 1. Dezember 22:00 MEZ, 1. Januar 20:00 MEZ

Literaturtipps

Astronomie allgemein:

Herrmann, J.: dtv-Atlas Astronomie, dtv 2005
Die Grundzüge der Astronomie werden, grafisch gut aufbereitet, verständlich dargestellt.

Burillier, H.: Sternführer für Einsteiger, Kosmos, Stuttgart 1997
Ein Einführungsbuch zum Kennenlernen der Sternbilder.

Keller, U.: Astrowissen, Kosmos, Stuttgart 2003
Ein kleines Lexikon des astronomischen Wissens, enthält alle wichtigen Grundlagen.

Teleskope:

Stoyan, R.: Fernrohr-Führerschein, Oculum 2007
Eine Anleitung für Teleskopbesitzer, mit ausführlicher Beschreibung zum Aufbauen und Beobachten.

Stoyan, R.: Fernrohrwahl, Oculum 2007
Welches Fernrohr ist für mich geeignet? Dieses Buch erklärt die verschiedenen Konstruktionen, gibt eine Übersicht des Marktes und bietet Ratschläge für den Kauf.

Himmelsatlas:

Feiler, M., Noack, P.: Deep Sky Reiseatlas, Oculum 2005
Dieser praktische und übersichtliche Himmelsatlas zeigt alle Sterne bis zur Grenzgröße 7,5. Mehr als 600 Deep-Sky-Objekte sind verzeichnet.

Mondatlas:

Rükl, A.: Kleiner Mondatlas, Oculum 2007
Dieser Atlas bietet detaillierte Mondkarten für Teleskope mit und ohne Zenitprisma. Neben dem Atlas gibt es zahlreiche Informationen zum Mond als

Himmelskörper und einzelnen Formationen.

Deep-Sky-Beobachtung:

Stoyan, R.: Deep Sky Reiseführer, Oculum, Erlangen 2004
Detaillierter Führer zu den 300 schönsten Sternhaufen, Nebeln und Galaxien für kleine Teleskope. Über 300 Zeichnungen und Fotos zeigen realistisch, was den Beobachter erwartet. Komplett mit Aufsuchkarten.

Astrofotografie:

Seip, S.: Digitale Astrofotografie, Kosmos 2006
Eine praktischeund leicht verständliche Anleitung für den Einsatz modernerDigitalkameras in der Astrofotografie.

Zeitschriften:

interstellarum: Zeitschrift für praktische Astronomie (6× jährlich, Oculum-Verlag, Erlangen) – siehe auch Umschlag-Innenseite

Sky and Telescope: weltgrößte Astronomie-Zeitschrift in Englisch (12× jährlich, Sky Publishing, Cambridge, USA)

Planetariumsprogramme:

TheSky, Sofware Bisque
Planetarirumssoftware und Sternkartenprgramm in einem, in verschiedenen Versionen nach Umfang und Preis erhältlich

Internet-Portale:

www.astronomie.de: größtes deutschsprachiges Internetportal mit vielen Diskussionsfore

www.astrotreff.de: Internetforum für Hobbyastronomen

Astronomische Ereignisse 2007 bis 2027

Mondfinsternisse

2007 Mär	4	0:21	MEZ	total
2008 Feb	21	4:26	MEZ	total
2008 Aug	16	23:10	MESZ	partiell
2009 Dez	31	20:22	MEZ	partiell
2011 Jun	15	22:12	MESZ	total
2013 Apr	25	22:07	MESZ	total
2015 Sep	28	4:47	MESZ	total
2018 Jul	27	22:21	MESZ	total
2019 Jan	21	6:21	MEZ	total
2019 Jul	16	23:30	MESZ	partiell
2022 Mai	16	6:28	MESZ	total
2023 Okt	18	22:14	MEZ	partiell
2024 Sep	18	5:44	MESZ	partiell
2025 Sep	7	21:11	MESZ	total
2026 Aug	28	6:13	MESZ	partiell

Sonnenfinsternisse

2008 Aug	1	11:37	MESZ	10–20%, partiell, in Sibirien total
2010 Jan	15	7:15	MEZ	0–5%, partiell
2011 Jan	4	9:23	MEZ	70–80%, partiell
2015 Mär	20	10:38	MEZ	70–80%, partiell
2021 Jun	10	12:25	MESZ	10–20%, partiell
2022 Okt	25	12:09	MESZ	20–30%, partiell
2025 Mär	29	12:10	MEZ	10–20%, partiell
2026 Aug	12	22:13	MESZ	während Sonnenuntergang
2027 Aug	2	13:08	MESZ	40–65% partiell

Venus- und Merkurtransite vor der Sonnenscheibe

2012 Jun	8	Sonnenaufgang–6:55	MESZ	Venustransit
2016 Mai	9	13:11–20:37	MESZ	Merkurtransit
2019 Nov	11	13:35–Sonnenuntergang	MEZ	Merkurtransit

Planetenbedeckungen durch den Mond

2007 Mär	2	3:36	MEZ	Saturn
2007 Mai	22	21:21	MESZ	Saturn
2007 Dez	24	4:51	MEZ	Mars
2008 Dez	1	17:00	MEZ	Venus
2012 Jul	15	3:40	MESZ	Jupiter

Glossar

Anhang

Im Text farblich hevorgehoben sind Begriffe, die im Glossar an dieser Stelle erklärt sind.

Achromat

Objektivlinse mit zwei Einzellinsen aus Gläsern mit unterschiedlichem Lichtbrechungsverhalten. Gegenüber einlinsigen Objektiven bietet der Achromat eine Korrektur der Farbfehler.
21 »Welche Teleskoptypen gibt es?«

Adaption

Anpassung der Augen an die Dunkelheit, dabei erweitern sich die Pupillen maximal. In der Regel dauert dieser Vorgang etwa 30–45 Minuten.
37 »Das richtige Beobachten«

Aktive Galaxien

Galaxien mit einem besonders hellen Kernbereich, der extrem energiereiche Strahlung aussendet. Ursache sind aktive Schwarze Löcher, die unablässig Materie aufsammeln (akkretieren).
16 »Sind alle Galaxien gleich?«

Albedostrukturen

Strukturen auf Oberflächen von Himmelskörpern, die durch unterschiedlich starke Rückstrahleigenschaften des Materials bei Lichteinfall entstehen, so dass unterschiedlich helle bzw. dunkle Gebiete sichtbar werden.
44 »Mars: Wüste in Rot«

Amiciprisma

Ein Amiciprisma lenkt den am Teleskop austretenden Lichtstrahl um 90 Grad oder 45 Grad ab, die Abbildung wird dabei nicht gespiegelt. Somit ist ein Amiciprisma auch für Erdbeobachtungen geeignet.
23 »Sinnvolles Zubehör für das Teleskop«

Apochromat

Objektivlinse aus zwei oder mehreren Linsen, die aus einem speziellen Glas gefertigt sind. Die Korrektur der Farbfehler übertrifft die eines Achromaten.
21 »Welche Teleskoptypen gibt es?«

Äquatorsystem

Koordinatensystem am Himmel: Die Verlängerung der Erdachse bestimmt die Lage der beiden Himmelspole, der Himmelsäquator ist der an den Himmel projizierte irische Äquator. Die Höhe nördlich und südlich des Himmelsäquators wird als Deklination bezeichnet, die zweite Koordinate des Äquatorsystems ist das Pendant zu den irischen Längengraden und wird Rektaszension genannt.
1 »Und sie dreht sich doch«

Asteroid

Alte Bezeichnung für Kleinkörper im Sonnensystem
4 »Das Sonnensystem – die Heimat unserer Erde«

Asteroidengürtel

Anhäufung von einigen hunderttausend Kleinkörpern in Umlaufbahnen zwischen Mars und Jupiter.
4 »Das Sonnensystem – die Heimat unserer Erde«

Azimutale Montierung

Teleskopmontierung bei der eine Achse zum Zenit und die andere Achse zum Horizont ausgerichtet ist. Damit ist der Tubus senkrecht und waagerecht bewegbar.
22 »Die verschiedenen Teleskopmontierungen«

Astrometrischer Doppelstern

Astrometrische Doppelsterne werden an minimalen periodischen Schwankungen ihrer Position in Bezug zu anderen Sternen erkannt, die durch die

Bewegung um den gemeinsamen Schwerpunkt hervorgerufen werden.
11 »Die Farben der Sterne"

Auflösungsvermögen, Auflösung

Die Fähigkeit eines Teleskops, zwei eng zusammenstehende Punkte getrennt voneinander darstellen zu können. Das Auflösungsvermögen steigt mit der Öffnung des Teleskops.
20 »Was kann ein Teleskop?"

Austrittspupille (AP)

Durchmesser des Lichtbündels, das bei einem Teleskop oder Fernglas am Okular austritt.
Austrittspupille = Öffnung : Vergrößerung.
19 »Kann ich mit einem Fernglas astronomisch beobachten?«

Äußere Planeten

Planeten unseres Sonnensystems, die sich jenseits des Asteroidengürtels befinden: Jupiter, Saturn, Uranus und Neptun. Alle äußeren Planeten gehören zur Klasse der Gasriesen.
4 »Das Sonnensystem - die Heimat unserer Erde«

Barlowlinse

Eine Barlowlinse wird zwischen Okularauszug und Okular montiert und erhöht die Brennweite je nach Bauart in der Regel um das Zwei- bis Fünffache.
23 »Sinnvolles Zubehör für das Teleskop«

Bedeckungsveränderlicher

Doppelsternsystem, dessen Bahnebene so liegt, dass sich von der Erde aus gesehen die Sterne während des Umlaufs gegenseitig bedecken, so dass sich periodisch die Helligkeit verändert.
12 »Sterne sind nicht immer gleich«

Blende

Mit der Blendeneinstellung einer Kamera kann die Menge des einfallenden Lichts durch Veränderung der Objektivöffnung reguliert werden. Die Blende wird dabei als Blendenzahl angegeben, d. h. als Verhältnis von Brennweite zu Objektivöffnung, z.B. f/2, f/2,8, f/4, f/5,6, f/8. Eine Halbierung der Blendenzahl z.B. von f/8 auf f/4 bedeutet eine Steigerung der einfallenden Lichtmenge um das Vierfache oder die Reduzierung der Belichtungszeit auf ein Viertel.
38 »Die ersten Astrofotos«

Bogengrad, Bogenminute, Bogensekunde

Abstände am Himmel sind Winkelabstände, sie werden in Bogengrad (°), Bogenminuten (') und Bogensekunden (") angegeben. Ein Bogengrad (1°) entspricht 60 Bogenminuten (60'), eine Bogenminute entspricht 60 Bogensekunden (60").
30 »Wie groß sind die Sternbilder am Himmel?«

Bolide

Sehr heller Meteor; manche Boliden sind farbig, einige verursachen Geräusche. Ein Bolide kann in mehrere Teile zerfallen und eine leuchtende Spur hinterlassen.
8 »Sternschnuppennacht im August«

Bortle-Skala

Skala zur Bestimmung der Himmelsqualität, gemessen an der Dunkelheit des Himmels.
34 »Wie hell sind die Sterne - wie dunkel ist der Himmel?«

Brauner Zwerg

Sternartiges Objekt, mit zu wenig Masse, als dass eine Kernfusion von Wasserstoff zu Helium stattfinden könnte. Diese Objekte stellen somit eine Zwischenstufe zwischen Planeten und Sternen dar.
10 »Lebensweg der Sterne«

Brennpunkt (Fokus)

Punkt, in dem das Bilderzeugende Element eines Teleskops – die Linse eines Linsenteleskops oder die Spiegel eines Spiegelteleskops – die Lichtstrahlen vereinigen.
21 »Welche Teleskoptypen gibt es?«

Brennweite

Abstand der Objektivlinse eines Linsenteleskops zum Brennpunkt oder Länge des Lichtweges vom Hauptspiegel zum Brennpunkt bei einem Spiegelteleskop
38 »Die ersten Astrofotos«

Bulge

Zentrale Verdickung im Zentrum einer Galaxienscheibe.
15 »Weshalb sehen wir die Milchstraße?«

Cassini-Teilung

Lücke im Ringsystem Saturns mit einer Breite von 4700km.
46 »Saturn: Herr der Ringe«

Cepheiden

Die Cepheiden gehören zur Sternklasse der Pulsationsveränderlichen. Ihre absolute Helligkeit ist an ihre Periode gekoppelt. Sie dienen in der Astronomie zur Entfernungsbestimmung. Wenn man weiß, wie schnell ein solcher Stern pulsiert, kennt man automatisch seine wirkliche Helligkeit und damit seine Entfernung.
12 »Sterne sind nicht immer gleich«

Chromossphäre

Schicht der Sonne, die über der Photosphäre liegt und fließend in die äußerste Schicht der Sonne, die Korona übergeht. Die Chromosphäre und die darauf zu beobachtenden Strukturen wie Protuberanzen oder Flares lassen sich nur mit einem speziellen H-alpha-Filter sichtbar machen.
5 »Warum leuchtet die Sonne?«

Dachkant-Prisma

Dachkantprismen sind im Fernglas für die Drehung des Bildes um 180° verantwortlich, um aufrechte und seitenrichtige Bilder zu erhalten. Gegenüber den Porro-Prismen ist die Anordnung gerade und schlanker in der Bauart. Die typischen Dachkant-Ferngläser sind »H-förmig« und besitzen einen geraden Tubus.
19 »Kann man mit einem Fernglas astronomisch beobachten?«

Deep-Sky-Objekte

Alle beobachtbaren Objekte wie Sternhaufen, Nebel und Galaxien, die außerhalb unseres Sonnensystems und »tiefer« im Weltall liegen (Deep-Sky = »tiefer Himmel«). Sterne werden jedoch nicht zu den Deep-Sky-Objekten gezählt.
37 »Das »richtige Beobachten««

Deklination

siehe Äquatorsystem

Deklinationsachse

Achse, die bei einer parallaktischen Montierung auf den Himmelsäquator gerichtet ist.
22 »Die verschiedenen Teleskopmontierungen«

Deutsche Montierung

Die Deutsche Montierung ist eine Bauart der parallaktischen Montierung, bei der Rektaszensionsachse und Deklinationsachse in Form eines »T« aufgebaut sind. Der waagerechte »T-Strich« entspricht der Deklinationsachse und der senkrechte »T-Strich« der Rektaszensionsachse.
22 »Die verschiedenen Teleskopmontierungen«

Dobson-Montierung

Besondere Form der azimutalen Montierung. Die Basis dieser Konstruktion ist eine Art Kiste, die Rockerbox, die auf einer Grundplatte rotierbar montiert ist.

22 »Die verschiedenen Teleskopmontierungen«

Doppelstern

System aus zwei oder mehreren Sternen, die entweder gemeinsam einen Schwerpunkt umkreisen oder nur scheinbar am Himmel auf Grund der Perspektive zusammenstehen.

11 "Die Farben der Sterne"

Dunkelbild

Das Dunkelbild wird bei einer Digitalkamera mit abgedecktem Objektiv und der gleichen Belichtungszeit, am besten unmittelbar nach Belichtung der eigentlichen Aufnahme, angefertigt. Durch Abzug des Dunkelbildes mit einer entsprechenden Bildbearbeitungssoftware kann das Rauschen der Originalaufnahme verringert werden.

38 »Die ersten Astrofotos«

Dunkelnebel

Große Gas- und Staubregion im interstellaren Raum, die das Licht dahinter liegender Objekte abschwächt und nicht selbst leuchtet.

5 »Warum leuchtet die Sonne?«

Dunkle Energie

Noch unbekannte Form der Energie, die eine beschleunigte Ausdehnung des Universums verursacht.

17 »Wie entstand das Universum?«

Eigengesichtsfeld

siehe Gesichtsfeld (scheinbares)

Ekliptik

Scheinbare Bahn, auf der sich die Sonne im Jahreslauf über den Himmel bewegt. Auch die Planeten folgen annähernd der Ekliptik.

1 »Und sie dreht sich doch«

Elongation

Von der Erde aus gesehener Winkelabstand eines Planeten von der Sonne. Steht der Planet östlich von der Sonne, spricht man von östlicher Elongation, und der Planet geht nach der Sonne am Abendhimmel unter. Steht der Planet westlich der Sonne wird die Stellung als westliche Elongation bezeichnet, und der Planet geht vor der Sonne am Morgenhimmel auf.

43 »Venus: Morgen- und Abendstern«

Emission

Abgabe von elektromagnetischer Strahlung oder Teilchen. Werden Atome oder Moleküle durch Strahlung oder Stöße angeregt oder gar ionisiert, kehren sie anschließend unter Abgabe elektromagnetischer Strahlung wieder in einen energieärmeren Zustand zurück. Dabei wird eine für das Atom oder Molekül charakteristische Menge an "Licht" abgegeben, die im Spektrum als Emissionslinie sichtbar wird.

6 »Eine Polarlichtnacht«

Emissionsnebel

Wolke aus interstellarem Gas und Staub, die durch sich in der Nähe befindliche heiße Sterne zum Leuchten angeregt wird.

10 »Lebensweg der Sterne«

Eruptionsveränderlicher

Eruptionsveränderliche steigern ihre Helligkeit ausbruchartig, manchmal innerhalb weniger Tage um das Millionenfache. Diese Ausbrüche sind nicht vorhersagbar und folgen keiner genauen Periode.

12 »Sterne sind nicht immer gleich«

Exobiologie

Wissenschaft, die sich mit der Entstehung von Leben außerhalb der Erde befasst.

18 »Gibt es noch eine andere Erde?«

Exoplanet

Planet, der nicht zu unserem Sonnensystem gehört, sondern einen anderen Stern umkreist.

18 »Gibt es noch eine andere Erde?«

Fadenkreuzokular

Spezielles Okular, das beim Durchblick ein Fadenkreuz zum genauen Anpeilen zeigt. So kann z.B. ein bestimmter Stern mittig im Gesichtsfeld gehalten werden.

38 »Die ersten Astrofotos«

Fangspiegel

Spiegelelement eines Spiegelteleskops, welches das vom Hauptspiegel reflektierte Licht aus dem Tubus lenkt.

21 »Welche Teleskoptypen gibt es?«

Farbfehler (chromatische Aberration)

Abbildungsfehler von optischen Linsen. Bei der Durchquerung eines Glaskörpers wird das Licht je nach seiner Farbe – blau mehr als rot – geringfügig aus seiner Richtung abgelenkt. Eine achromatische Objektivlinse kann nur zwei Farben des Lichts im Brennpunkt vereinigen, so dass ein Farbsaum um helle Objekt sichtbar wird, besonders bei hohen Vergrößerungen.

21 »Welche Teleskoptypen gibt es?«

Field-Sweeping

Technik bei der Beobachtung von Deep-Sky-Objekten. Während der Beobachtung wird das Teleskop sanft hin und her bewegt oder angestoßen, so dass das anvisierte Ziel sich im Okular hin und her bewegt.

37 »Das »richtige Beobachten«

Filament (engl. Faden)

Fadenförmige Anordnung von Galaxien die im Universum die Verbindung zwischen Galaxienhaufen bilden.

17 »Wie entstand das Universum?«

Flare

Sonneneruption mit erhöhter Temperatur und starkem Helligkeitsanstieg im Bereich der Chromosphäre.

5 »Warum leuchtet die Sonne?«

Förderliche Vergrößerung

Ab der förderlichen Vergrößerung wird das Auflösungsvermögen eines Teleskops genutzt. Bei dieser Vergrößerung zeigt das Teleskop die beste Abbildung.

Faustregel: Förderliche Vergrößerung = Öffnung in mm : 0,7

20 »Was kann eine Teleskop?«

Fraunhofer-Achromat

Objektivlinse aus zwei Einzellinsen, die durch einen Luftspalt voneinander getrennt sind.

21 »Welche Teleskoptypen gibt es?«

Frühlingspunkt

Der Nullpunkt der Koordinate der Rektaszension im Äquatorsystem wird als Frühlingspunkt bezeichnet. Dort befindet sich die Sonne zu Frühlingsbeginn.

1 »Und sie dreht sich doch«

Galaktischer Nebel

Der Oberbegriff »Galaktische Nebel« umfasst alle Gas- und Staubwolken der Milchstraße wie Reflexionsnebel, Emissionsnebel und Dunkelnebel mit Ausnahme der Planetarischen Nebel.

49 »Portrait: die Galaktischen Nebel M 42 und M 1

Galaxie

Ansammlung von mehreren hundert Millionen bis zu rund einer Billion Sternen, die gemeinsam ein Zentrum umkreisen.

15 »Weshalb sehen wir die Milchstraße?«

Galaxienhaufen

Ansammlungen von bis zu mehreren tausend Galaxien, die durch ihre Gravitation miteinander verbunden sind.

17 »Wie entstand das Universum?«

Galaxis

Unsere Milchstraße, auch Galaxis genannt, ist eine Ansammlung von einigen 100 Milliarden Sternen, die gemeinsam ein Zentrum umkreisen.

15 »Weshalb sehen wir die Milchstraße?«

Gasriese

Planet unseres Sonnensystems oder Exoplanet ohne feste Oberfläche mit der vielfachen Größe der Erde, z.B. Jupiter

45 »Jupiter: der Riese unseres Sonnensystems«

Gasschweif

siehe Schweif

Galileische Monde

Die vier größten Monde des Jupiters: Io, Europa, Ganymed und Kallisto. Sie werden nach Ihrem Entdecker, dem Astronomen Galileo Galilei, benannt.

45 »Jupiter: der Riese unseres Sonnensystems«

Geostationäre Umlaufbahn

Umlaufbahn eines Satelliten, bei der der künstliche Himmelkörper die Erde genau so schnell umrundet, wie diese sich dreht, Dadurch scheint der Satellit über einem bestimmten Punkt des Äquators stillzustehen.

40 »Satelliten – künstliche Lichter am Himmel«

Geometrischer Doppelstern

Doppelsterne, deren Komponenten zwar räumlich eng beieinander stehen, aber nicht dauerhaft aneinander gebunden sind - also sich nicht gegenseitig umkreisen.

11 »Die Farben der Sterne«

Gesichtsfeld (tatsächliches oder wahres)

Das tatsächliche oder auch wahre Gesichtsfeld bezeichnet den Himmelsausschnitt, der beim Blick durch ein Okular sichtbar wird. Die Größe des Gesichtsfelds ist abhängig von der Vergrößerung und dem verwendeten Okulartyp.

Tatsächliches Gesichtsfeld = scheinbares Gesichtsfeld : Vergrößerung

35 Wie finde ich Himmelsobjekte mit dem Teleskop?«

Gesichtsfeld (scheinbares)

Das scheinbare Gesichtsfeld bezeichnet das Sehfeld, das beim Blick durch ein Okular sichtbar wird. Das typische Gesichtsfeld eines Plössl-Okulars beträgt 50°, das eines typischen Weitwinkelokulars etwa 70°. Das scheinbare Gesichtsfeld ist meist auf dem Okulargehäuse gekennzeichnet.

35 »Wie finde ich Himmelsobjekte mit dem Teleskop?«

GoTo-Teleskop

Computergesteuertes Teleskop, das Himmelkörper automatisch aufsuchen und anfahren kann.

26 »Was ist ein GoTo-Teleskop?«

Granulation

In einem mit Sonnenfilter geschützten Teleskop erscheint die Sonnenoberfläche dem Betrachter gekörnt (granuliert). Diese Struktur entsteht durch das Aufsteigen großer Gasblasen aus dem Sonneninneren an die Oberfläche.

5 »Warum leuchtet die Sonne?«

Gravitation

Bezeichnet die Anziehungskraft zwischen Materieteilchen (von lateinisch gravitas = Schwere)
10 »Lebensweg der Sterne«

Grenzgröße, Grenzgrößenbestimmung

Bestimmung des schwächsten mit dem bloßen Auge sichtbaren Sterns am Beobachtungsstandort. Die Größenklasse dieses Sterns bestimmt die Grenzgröße der Beobachtungsnacht. Die Grenzgrößen-Bestimmung wird auch fst-Bestimmung oder faintest-star-Bestimmung (engl. schwächster Stern) genannt
34 »Wie hell sind die Sterne - wie dunkel ist der Himmel?«

Großer Roter Fleck (GRF)

Etwa 28000km×14000km großer Wirbelsturm in der Atmosphäre Jupiters, der im Teleskop eine blasse, rötlich-braune Färbung zeigen kann.
45 »Jupiter: der Riese unseres Sonnensystems«

Größenklasse (lat. Magnitudo)

Die scheinbare Helligkeit oder die absolute Helligkeit von Himmelskörpern wird in Größenklassen angegeben, das Kürzel dafür ist »mag« oder »m« für die scheinbare Helligkeit bzw. »M« für die absolute Helligkeit. Je größer der Wert der Größenklasse, desto schwächer erscheint ein Himmelskörper. Zum Beispiel Sirius, der hellste Stern am Himmel hat die Größenklasse von −1^m,4, Wega 1^m und der noch dunklere Polarstern 2^m. Die schwächsten mit dem bloßen Auge sichtbaren Sterne erreichen etwa 6^m.
34 »Wie hell sind die Sterne - wie dunkel ist der Himmel?«

HII-Region

Regionen aktiver Sternentstehung, die große Mengen an ionisiertem Wasserstoff enthalten.
16 »Sind alle Galaxien gleich?«

Halbschatten

Während einer Sonnenfinsternis ist im Bereich des Halbschattens die Sonne auf Grund der Perspektive nur teilweise verfinstert und wird mehr oder weniger sichelförmig vom Mond bedeckt. Durchläuft der Mond während einer Mondfinsternis nur den Bereich des Halbschattens der Erde, wird seine Helligkeit kaum merklich verringert.
7 »Sonne und Mond im Dunkeln

Halo

Hier kugelförmiger Raum, der eine gesamte Galaxie umgibt. Im Halo befinden sich Kugelsternhaufen auf ihren Bahnen um das Zentrum der Galaxie.
15 »Weshalb sehen wir die Milchstraße?«

H-alpha-Filter, H-alpha-Licht

Ein H-alpha-Filter lässt nur das rote Licht der Wasserstoff-Emissionslinie bei 656,28 Nanometer passieren. Mit diesem Filter wird die Chromosphäre der Sonne sichtbar, die im H-alpha-Licht leuchtet und ansonsten vom hellen Licht der Photosphäre überstrahlt wird.
25 »Sichere Sonnenbeobachtung«

Hauptreihe

Im Hertzsprung-Russel-Diagramms (HRD) befinden sich ca. 90% der Sterne auf der Hauptreihe. Diese markiert einen bestimmten Zusammenhang zwischen Leuchtkraft und Temperatur eines Sterns, der charakteristisch für die Phase des »Wasserstoffbrennens« (Fusion von Wasserstoff zu Helium) ist. Unsere eigene Sonne ist ebenfalls ein typischer Hauptreihenstern.
11 »Die Farben der Sterne«

Hauptspiegel

Spiegelelement eines Spiegelteleskops, welches das Licht sammelt.
21 »Welche Teleskoptypen gibt es?«

Helium

Gasförmiges chemisches Element mit dem Elementsymbol »He«, zweithäufigstes Element im Universum, welches zuerst auf der Sonne entdeckt wurde.
5 »Warum leuchtet die Sonne?«

Helligkeit, scheinbare

Helligkeit, mit der ein Himmelkörper dem Betrachter von der Erde aus gesehen erscheint. Die scheinbare Helligkeit wird in Größenklassen mit dem Kürzel »mag« oder »m« (von lat. Magnitudo) angegeben und ändert sich mit der Entfernung des Himmelskörpers.
34 »Wie hell sind die Sterne - wie dunkel ist der Himmel?«

Helligkeit, absolute (tatsächliche)

Helligkeit von Sternen, bezogen auf eine Normdistanz von 10 Parsec. Damit ist es möglich die wirkliche Helligkeit eines Sterns unabhängig von seiner tatsächlichen Entfernung anzugeben. Die absolute Helligkeit wird in Größenklassen mit dem Kürzel »mag« oder »M« (von lat. Magnitudo) angegeben.
34 »Wie hell sind die Sterne - wie dunkel ist der Himmel?«

Hemisphäre

Durch den Äquator getrennte nördliche oder südliche Halbkugel der Erde oder eines Himmelskörpers.
2 »Der Sonnenlauf am Himmel«

Himmelsäquator

Der Himmelsäquator bezeichnet den an den Himmel projizierten irdischen Äquator.
1 »Und sie dreht sich doch«

Himmelsrichtung

Richtung im Bezug zur Erdachse. Die vier Haupt-himmelsrichtungen sind Norden (N) in Richtung Nordpol, Süden (S) in Gegenrichtung, Osten (O) in Rotationsrichtung der Erde (zum Sonnenaufgang), Westen (W) gegen die Rotationsrichtung (zum Sonnenuntergang)

29 »Die drehbare Sternkarte: alle Sternbilder im Griff«

Himmelspole

Die Punkte am Himmel, auf die die Erdachse nach Norden, bzw. nach Süden verlängert zeigt. Nahe am nördlichen Himmelspol steht der Polarstern.

1 »Und sie dreht sich doch«

Horizontsystem

Sphärisches Koordinatensystem, das den Horizont und die Achse Zenit–Nadir (Gegenpunkt) als Bezugspunkte nimmt. Die horizontale Bewegung wird durch den Azimut beschrieben, die Bewegung in der Senkrechten durch die Elevation oder Höhe. Azimut und Elevation bzw. Höhe sind Winkel.

22 »Die verschiedenen Teleskopmontierungen«

Hubble-Klassifikation

Nach dem amerikanischen Astronomen Edwin Hubble benannte Einteilung von Galaxien nach deren Erscheinungsform.

16 »Sind alle Galaxien gleich?«

Huygens-Okular

Einfaches zweilisiges Okular, das besonders für niedrige Vergrößerungen oder für die Sonnenprojektion geeignet ist. Die Abkürzung »H« auf einem Okular steht für Huygens.

25 »Sichere Sonnenbeobachtung«

Indirektes Sehen

Technik bei der Beobachtung von Himmelsobjekten, um die Lichtempfindlichkeit zu steigern: Man schaut nicht direkt auf das Objekt, sondern leicht daran vorbei. Dadurch entsteht das Bild auf der Netzhaut in einem Bereich, wo die lichtempfindlicheren Stäbchen sitzen.

37 »Das richtige Beobachten«

Infrarot

Elektromagnetische Strahlung mit einer Wellenlänge von 780nm bis 1mm, die im Spektrum zwischen dem sichtbaren Licht und der Mikrowellenstrahlung liegt.

11 »Die Farben der Sterne«

Innere Planeten

Planeten unseres Sonnensystems, die sich innerhalb des Asteroidengürtels befinden: Merkur, Venus, Erde und Mars. Alle inneren Planeten werden auch terrestrische Planeten genannt.

4 »Das Sonnensystem - die Heimat unserer Erde«

Iridiumflare

Leuchterscheinung am Himmel, die durch eine Spiegelung der Sonne in den Antennen der sogenannten Iridiumsatelliten verursacht wird.

40 »Satelliten – künstliche Lichter am Himmel«

ISO

Internationale Organisation für Normung, deren Standards mit dem Kürzel »ISO« versehen werden. ISO-Einheiten gelten z.B. für die Lichtempfindlichkeit eines Films oder die entsprechende Lichtempfindlichkeit der Sensoren von digitalen Kameras.

38 »Die ersten Astrofotos«

ISS (International Space Station)

Sich im Aufbau befindende Internationale Raumstation, die die Erde in einer Umlaufbahn von etwa 350km Höhe umkreist.

40 »Satelliten – künstliche Lichter am Himmel«

Jahrbuch (astronomisches)

Jährlich erscheinendes Nachschlagewerk, in dem die Himmelsereignisse eines Jahres aufgezeigt werden.

12 »Sterne sind nicht immer gleich«

Joule (Wattsekunde)

Ein Joule ist gleich die Energie, die benötigt wird, um für die Dauer einer Sekunde die Leistung von einem Watt aufzubringen.

5 »Warum leuchtet die Sonne?«

Katadioptrisches Teleskop

Teleskop, das mit Hilfe einer Linse und eines Spiegels das Licht sammelt und in einem Brennpunkt vereinigt.

21 »Welche Teleskoptypen gibt es?«

Kelvin

Temperaturskala mit gleicher Gradeinteilung wie die Celsiusskala. Bei der Kelvinskala ist der Nullpunkt allerdings zum absoluten Nullpunkt hin verschoben:

0 K = -273,15 °C

273,15 K = 0 °C.

11 »Die Farben der Sterne«

Kernfusion

Reaktion auf atomarer Ebene, bei der zwei Atomkerne zu einem einzigen neuen Kern vereinigt werden, z.B. werden in der Sonne in einem mehrstufigen Prozess vier Wasserstoffatome zu einem Heliumatom »verschmolzen«.

5 »Warum leuchtet die Sonne?«

Kernschatten

Nur im Kernschattenbereich des Mondschattens wird die Sonne während einer Sonnenfinsternis vollständig verfinstert.
7 »Sonne und Mond im Dunkeln"

Kleinkörper

Alle Objekte im Sonnensystem, die die Sonne umkreisen und die nicht zu den Planeten oder Zwergplaneten gehören.
4 »Das Sonnensystem - die Heimat unserer Erde«

Koma

Diffus leuchtende Wolke aus Gas und Staubpartikeln, die den Kern eines Kometen umgibt.
9 »Kometen: Vagabunden im Sonnensystem«

Komet

Objekt unseres Sonnensystems aus gefrorenen Gasen und Staub, das bei Annäherung an die Sonne einen typischen Schweif ausbildet.
9 »Kometen: Vagabunden im Sonnensystem«

Konjunktion

Position, bei der ein Himmelskörper unseres Sonnensystems von der Erde aus gesehen in Richtung Sonne steht.
44 »Mars: Wüste in Rot«

Korrektorplatte

Linsenelement am vorderen Ende eines Katadioptrischen Teleskops, das die Abbildungsfehler des Hauptspiegels korrigiert.
21 »Welche Teleskoptypen gibt es?«

Korona

Äußerster Bereich der Sonne direkt über der Chromosphäre. Die Korona wird als heller Strahlenkranz während einer totalen Sonnenfinsternis sichtbar.
5 »Warum leuchtet die Sonne?«

Kosmologie

Die Erforschung des Ursprungs und der Entwicklung des Universums im Gesamten. Sie beinhaltet Themen der Physik als auch Aspekte der Philosophie.
17 »Wie entstand das Universum?«

Krater

Durch Einschläge von Meteoriten entstandene Vertiefungen auf dem Mond, der Erde oder anderen festen Himmelskörpern des Sonnensystems.
41 »Sightseeing auf dem Mond«

Kugelspiegel

Im Gegensatz zu einem parabolisch geschliffenen Spiegel sammelt ein sphärisch geschliffener Spiegel die einfallenden Lichtstrahlen nicht genau in einem Punkt, so dass die Abbildung im Teleskop, besonders bei hohen Vergrößerungen, unscharf wird.
21 »Welche Teleskoptypen gibt es?«

Kugelsternhaufen

Kugelförmige Ansammlung von sehr alten Sternen, die gemeinsam die Milchstraße umkreisen. Kugelsternhaufen können bis zu mehrere Millionen Mitglieder besitzen und viele Milliarden Jahr alt sind, sie gehören damit zu den ältesten Objekten in unsrer Milchstraße.
13 »Haufenweise Sterne«

Kuipergürtel

Ansammlung von Objekten jenseits der Neptunbahn aus der Entstehungszeit des Sonnensystems wie Planetesimale oder Kometen.
4 »Das Sonnensystem – die Heimat unserer Erde«

Leere Vergrößerung

Vergrößerung, die über der Maximalvergrößerung eines Teleskops liegt. Die Abbildung wird dabei in der Regel unscharf und kontrastarm.
20 »Was kann eine Teleskop?«

Leuchtkraft

Strahlungsmenge, die von der Oberfläche eines Sterns in einem bestimmten Zeitraum abgegeben wird.
11 »Die Farben der Sterne«

Leuchtkraftklasse

Die Leuchkraftklasse bezeichnet den Entwicklungszustand eines Sterns, gemeinsam mit der Spektralklasse können damit Sterne nach ihren physikalischen Eigenschaften kategorisiert werden.
11 »Die Farben der Sterne«

Leuchtpunktsucher

Peilvorrichtung am Teleskop zum Anvisieren von Himmelsobjekten, bei der man durch eine Scheibe blickt, auf die ein roter Leuchtpunkt oder verschieden große Kreise projiziert werden.
24 »Der Sucher: ein Muss am Teleskop«

Libration

Periodische Schwankungen der Blickrichtung auf die Mondoberfläche, die es ermöglichen, etwas mehr als die Hälfte der uns zugewandten Seite des Mondes von der Erde aus zu sehen.
3 »Die Gesichter des Mondes«

Lichtgeschwindigkeit

Geschwindigkeit, mit der sich das Licht bewegt. Die Lichtgeschwindigkeit beträgt im Vakuum konstant 299792 km/s.
14 »Wie weit entfernt ist die Andromedagalaxie?«

Lichtjahr

Die Entfernung, die das Licht innerhalb eines Jahres zurücklegt.
1 Lichtjahr = 9,46 Billionen Kilometer.
14 »Wie weit entfernt ist die Andromedagalaxie?«

Lichtsammelvermögen

Lichtmenge, die ein optisches System, z.B. ein Teleskop aufnehmen kann. Das Lichtsammelvermögen steigt mit der Öffnung des Lichtsammelnden Elements – der Linse eines Linsenteleskops oder dem Hauptspiegel eines Spiegelteleskops.

20 »Was kann ein Teleskop?«

Lichtverschmutzung

Aufhellung des Nachthimmels durch künstliche Beleuchtung von Straßenlaternen, Lichtreklamen, Flutlichtanlagen, Industrieanlagen etc.

33 »Ein optimaler Beobachtungsplatz«

Linsenteleskop

siehe Refraktor

Lunation

Der komplette Ablauf aller Mondphasen von einem Neumond zum nächsten, die mittlere Dauer der Lunation wird synodischer Monat genannt.

3 »Die Gesichter des Mondes«

Maksutov-Teleskop

Kompakte Bauart eines Spiegelteleskops, welches zusätzlich zum - mit einer zentralen Öffnung versehenen - Hauptspiegel am vorderen Ende des Tubus eine Linsenelement, eine meniskusförmige Korrektorplatte besitzt. Der Okularauszug befindet sich im Gegensatz zum Newton-Spiegelteleskop am hinteren Ende des Tubus. Der Fangspiegel ist bei diesem System auf der Rückseite der Korrektorplatte befestigt.

21 »Welche Teleskoptypen gibt es?«

Mare

siehe Meer

Massendifferenz

Bei der Kernfusion von Wasserstoff zu Helium ist der neu entstandene Kern leichter als die Ursprungsmasse der Ausgangskerne. Diese Massendifferenz wird nach der Formel $E = m \cdot c^2$ (Energie = Masse · Lichtgeschwindigkeit^2) als Energie freigesetzt.

5 »Warum leuchtet die Sonne?«

Maximalvergrößerung, maximale Vergrößerung

Faustregel für die Maximalvergrößerung eines Teleskops: Öffnung in mm × 2
Über die Maximalvergrößerung hinaus zeigt ein Teleskop keine weiteren Details.

20 »Was kann eine Teleskop?«

Meer, Mondmeer, Mare

Ausgedehnte große Ebenen auf der Mondoberfläche, die Mare sind ehemalige Einschlagbecken gewaltiger Meteoriteneinschläge, die nach und nach mit Magma überflutet wurden, das aus der durchschlagenen Mondkruste hervortrat.

41 »Sightseeing auf dem Mond«

Meridian

Der Meridian teilt die Himmelskugel in zwei Hälften senkrecht zum Horizont. Er verläuft durch den Südpunkt und den Nordpunkt des Horizonts, erreicht den höchsten Punkt genau über dem Beobachter (Zenit) und gegenüber den tiefsten Punkt, den Nadir.

2 »Der Sonnenlauf am Himmel«

Meteor, Meteoroid, Meteorit

Kleine Objekte unseres Sonnensystems, die sich in einer Umlaufbahn um die Sonne befinden. Die Größe reicht von der eines Staubkorns bis hin zu einigen Kilometern Durchmesser. Trifft ein kleiner Meteoroid auf die Atmosphäre der Erde, verglüht er meistens. Die dabei entstehende Leuchtspur sehen

wir als Sternschnuppe oder Meteor. In dem Fall, dass ein Meteor so groß ist, das er nicht vollständig verglüht und die Erdoberfläche erreicht, heißt er Meteorit.

8 »Sternschnuppennacht im August«

Meteorstrom

In einigen Nächten des Jahres steigt die Anzahl der sichtbaren Meteore (Sternschnuppen) enorm an. Das ist dann der Fall, wenn die Erde auf ihrem Weg um die Sonne die Bahnen von Kometen kreuzt, welche eine Spur aus Staubpartikeln hinterlassen. Bestimmte Meteorströme erscheinen deshalb jedes Jahr zur gleichen Zeit, z.B. die Perseiden im August.

8 »Sternschnuppennacht im August«

MEZ (Mitteleuropäische Zeit)

Die für den deutschsprachigen Raum (und Mitteleuropa) gültige Zeitzone ist die Mitteleuropäische Zeit. Die Differenz zur Weltzeit (UTC) beträgt +1 Stunde. Während der Mitteleuropäischen Sommerzeit (MESZ) - vom letzten Sonntag des Monats März bis zum letzten Sonntag des Monats Oktober - beträgt die Differenz +2 Stunden.

29 »Die drehbare Sternkarte: alle Sternbilder im Griff«

Milchstraße

siehe Galaxis

Mikrowellen

Elektromagnetische Strahlung mit einer Wellenlänge von 1mm bis 1m, Mikrowellen finden z.B. im Mobilfunk und im Mikrowellenherd Anwendung.

17 »Wie entstand das Universum«

Mondalter

Der Fortschritt der Mondphasen, gezählt in Tagen. Die Zählung beginnt beim 1. Tag nach Neumond

(1d) und endet am 29. Tag nach Neumond (29d). Danach beginnt die Zählung von vorne.
3 »Die Gesichter des Mondes«

Mondfinsternis

Während einer Mondfinsternis durchläuft der Vollmond für bis zu einige Stunden den weit in den Weltraum reichenden Erdschatten und wird dadurch verfinstert.
7 »Sonne und Mond im Dunkeln«

Mondknoten

Die Ebene der Mondbahn ist um 5° gegen die Erbahn geneigt. Die beiden Schnittpunkte der Mondbahn mit der Erdbahnebene werden Mondknoten genannt.
7 »Sonne und Mond im Dunkeln«

Mondphasen

Die unterschiedliche Gestalt des Mondes aufgrund der Beleuchtung durch die Sonne während einer Erdumkreisung.
3 »Die Gesichter des Mondes«

Montierung

Halterung, auf der das Teleskop montiert wird, so dass Himmelsobjekte angepeilt werden können.
22 »Die verschiedenen Teleskopmontierungen«

MOZ

siehe Sonnenzeit

Nebelfilter

Nebelfilter lassen nur einen bestimmten Teil des Lichts passieren, z.B. wird das den Himmel aufhellende Licht von Straßenbeleuchtungen wie Leuchtstoffröhren oder Niederdruck-Natriumdampflampen herausgefiltert und typische Emissionslinien von Himmelsobjekten durchgelassen. Planetarische Nebel und Galaktische Nebel erscheinen damit kon-

trastreicher. Er ist ungeeignet für die Beobachtung von Sternhaufen und Galaxien.
23 »Sinnvolles Zubehör für das Teleskop«

Neumond

Zur Neumondphase steht der Mond während seines Erdumlaufs zwischen Sonne und Erde. Mond und Sonne befinden sich in Konjunktion, der Mond bleibt für den Beobachter unsichtbar. In dieser Konstellation kann es zu einer Sonnenfinsternis kommen.
7 »Sonne und Mond im Dunkeln«

Neutraldichte (ND)

Der Wirkungsgrad eines Sonnenfilters wird mit dem Wert der Neutraldichte (ND) angegeben; zum Beispiel dämpft ein Filter mit der ND 5 die Lichtstärke um den Faktor 100000 (10^5), ein Filter mit der ND 4 um den Faktor 10000 (10^4)
25 »Sichere Sonnenbeobachtung«

Neutronenstern

Endstadium eines Sterns mit einer Kernmasse von mehr als der 1,4fachen Sonnenmasse. Ein Neutronenstern besteht aus extrem komprimierter Materie und besitzt einen Durchmesser von nur noch etwa 20 Kilometern.
10 »Lebensweg der Sterne«

Newton-Spiegelteleskop

Bauart eines Spiegelteleskops mit einem Hauptspiegel am hinteren Ende des Tubus, der das Licht sammelt, und einem ebenen Fangspiegel vorne im Tubus, der das vom Hauptspiegel reflektierte Licht seitlich in den Okularauszug ablenkt.
21 »Welche Teleskoptypen gibt es?«

Obere Konjunktion

Position eines Planeten innerhalb der Erdbahn, in der er sich von der Erde aus gesehen hinter der Sonne befindet.
43 »Venus: Morgen- und Abendstern«

Objektiv

Teil der Kamera, der das Licht sammelt und die Abbildung eines Objektes erzeugt.
39 »Mit der Webcam auf Planetenjagd«

Objektivlinse

Optisches Element eines Linsenteleskops oder Kameraobjektives, welches das Licht sammelt und in einem Brennpunkt vereinigt. Die Objektivlinse befindet sich am vorderen Ende des Tubus.
21 »Welche Teleskoptypen gibt es?«

Offener Sternhaufen

Ansammlung von bis zu mehren tausend noch jungen Sternen in der Ebene der Galaxienscheibe.
13 »Haufenweise Sterne«

Öffnung

Durchmesser der Lichtsammelnden Fläche, meist des Lichtsammelnden Elements - der Linse bei einem Linsenteleskop oder dem Hauptspiegel bei einem Spiegelteleskop.
20 »Was kann ein Teleskop?«

Okular

Mit einem Okular kann das in der Brennebene des Teleskops entstehende Bild vergrößert werden. Die Vergrößerung wird durch die Wahl der Brennweite des Okulars bestimmt.
23 »Sinnvolles Zubehör für das Teleskop«

Okularauszug

Der Okularauszug eines Teleskops dient als Aufnahme der Okulare. Bei einem Linsenteleskop und bei einem katadioptrischen Teleskop befindet sich der Okularauszug am hinteren Ende des Tubus und bei einem Newton-Spiegelteleskop am vorderen Ende seitlich am vorderen Ende des Tubus.

21 »Welche Teleskoptypen gibt es?«

Okularsonnenfilter

Filter zur Beobachtung der Sonne, der vor das Okular geschraubt wird. Diese Filter sind in der Anwendung sehr gefährlich, da sie sich während der Beobachtung stark erhitzen und platzen können. Das ungefilterte Sonnenlicht würde das Auge unmittelbar schädigen.

25 »Sichere Sonnenbeobachtung«

Oortsche Wolke

Großes kugelförmiges Halo des Sonnensystems mit Überbleibseln aus der Entstehungszeit des Sonnensystems mit einem Durchmesser von 100000 Astronomischen Einheiten (AE), Reservoir für Kometen.

4 »Das Sonnensystem – die Heimat unserer Erde«

Opposition

Position, bei der ein Himmelskörper unseres Sonnensystems von der Erde aus gesehen in entgegengesetzter Richtung zur Sonne steht.

44 »Mars: Wüste in Rot«

Ortszeit (mittlere)

siehe Sonnenzeit (mittlere)

Ortszeit (wahre)

siehe Sonnenzeit (wahre)

Parallaktische Montierung (äquatoriale Montierung)

Bei einer parallaktischen Montierung ist eine der beiden Achsen, die Rektaszensionsachse zum Him-

melspol gerichtet, die andere Achse, die Deklinationsachse, auf den Himmelsäquator.

22 »Die verschiedenen Teleskopmontierungen«

Parsec

Einheit, mit der Entfernungen im Weltall gemessen werden. Ein Parsec ist die Entfernung, aus der der Erdbahnradius, also 1 Astronomische Einheit unter einem Winkel von einer Bogensekunde erscheint.

1 Parsec = 3,262 Lichtjahre

1 Megaparsec = 3,262 Millionen Lichtjahre

14 »Wie weit entfernt ist die Andromedagalaxie?«

piggyback

Methode in der Astrofotografie, bei der die Kamera »huckepack« (engl. piggyback) auf dem Teleskop montiert wird.

38 »Die ersten Astrofotos«

Photometrischer Doppelstern

Doppelstern, der aufgrund periodischer Helligkeitsschwankungen als solcher erkannt wird, wenn sich aus unserer Perspektive die Sterne gegenseitig bedecken und dadurch die Gesamthelligkeit im Rhythmus der Umlaufperiode verringert.

11 »Die Farben der Sterne«

Photosphäre

Die Photosphäre ist die für uns sichtbare Schicht der Sonne. Hier wird die Energie zum großen Teil als sichtbares Licht abgestrahlt.

5 »Warum leuchtet die Sonne?«

Physischer Doppelstern

Doppelstern, in dem die Komponenten durch ihre Gravitation aneinander gebunden sind und dauerhaft einen gemeinsamen Schwerpunkt umkreisen.

11 »Die Farben der Sterne«

Planet

Himmelskörper in einer Umlaufbahn um die Sonne mit ausreichend großer Masse, um sich zu einer kugelförmigen Gestalt zusammenzuziehen. Ein Planet beeinflusst die Umgebung seiner Umlaufbahn derart, dass diese frei von anderen Objekten ist.

4 »Das Sonnensystem - die Heimat unserer Erde«

Planetesimale

Zusammenballungen von Staubteilchen, aus denen Planeten entstehen können.

4 »Das Sonnensystem - die Heimat unserer Erde«

Planetarischer Nebel

Überrest der abgestoßenen äußeren Gashülle eines Roten Riesen mit einer Masse bis etwa 8 Sonnenmassen.

10 »Lebensweg der Sterne«

Protoplanetare Scheibe

Flache Scheibe aus Staub und Gas, die sich um einen jungen Stern bildet. Aus der protoplanetaren Scheibe können später Planeten hervorgehen.

4 »Das Sonnensystem - die Heimat unserer Erde«

Protuberanz

Ausbrüche von Sonnematerie, die am Rand der Sonnenscheibe als typische bogen- oder fächerförmige Strukturen im H-Alpha-Licht erkennbar sind.

5 »Warum leuchtet die Sonne?«

Polare Umlaufbahn

Umlaufbahn eines Satelliten, die über die beiden Erdpole verläuft.

40 »Satelliten – künstliche Lichter am Himmel«

Polarlicht (Nordlicht, Südlicht)

Farbige Leuchterscheinung am Nachthimmel in Form von Bögen, Strahlen und Schleifen. Auf der Nordhalbkugel der Erde wird sie als Nordlicht, Au-

rora borealis, und auf der Südhalbkugel als Aurora australis bezeichnet.
6 »Eine Polarlichtnacht«

Porro-Prisma

Nach seinem Erfinder benanntes System aus zwei hintereinander montierten Glasprismen, das in einem typischen Porro-Fernglas, erkennbar an seiner »Zick-Zack-Form«, durch viermalige Totalreflexion eine Bilddrehung von 180° bewirkt, so dass ein aufrechtes und seitenrichtiges Bild entsteht. Die Faltung des Strahlengangs bewirkt zudem eine geringe Baulänge.
19 »Kann man mit einem Fernglas astronomisch beobachten?«

Pulsar

Sehr schnell rotierender Neutronenstern, der zu beiden Seiten der magnetischen Achse starke, gebündelte Synchrotronstrahlung aussendet, die mit der Rotation in regelmäßigen Abständen, wie bei einem Leuchtturm, über den Beobachter streicht.
10 »Lebensweg der Sterne«

Pulsationsveränderlicher

Pulsationsveränderliche Sterne befinden sich in einem ständigen Wechsel zwischen Kontraktion und Ausdehnung: Sie pulsieren. Dabei ändern sie ihre Größe und Oberflächentemperatur und daran gekoppelt ihre Helligkeit.
12 »Sterne sind nicht immer gleich«

Quasar

Quasare (quasistellare Radioquellen) gehören innerhalb der Gruppe der aktiven Galaxien zu den leuchtstärksten Objekten. Auf Grund ihrer großen Entfernung von teilweise mehrs als 10 Milliarden Lichtjahren werden die Quasare als sternförmige Lichtquelle wahrgenommen.
16 »Sind alle Galaxien gleich?«

Radiant

Die Meteore (Sternschnuppen) eines Meteorstroms scheinen alle aus der gleichen Richtung am Himmel zu kommen. Der Punkt an dem die einzelnen Bahnen ihren Ursprung haben, wird Radiant genannt.
8 »Sternschnuppennacht im August«

Reflektor, Spiegelteleskop

Teleskop, das mit Hilfe eines Spiegels das Licht sammelt und in einem Brennpunkt vereinigt.
21 »Welche Teleskoptypen gibt es?«

Reflexionsnebel

Interstellare Wolke aus Staub und Gas, die durch in der Nähe stehende Sterne erhellt wird und nicht selbst leuchtet.
48 »Portrait: die Offenen Sternhaufen M45 und h+chi«

Refraktor, Linsenteleskop

Teleskop, das mit Hilfe einer Linse an der Vorderseite das Licht sammelt und in einem Brennpunkt vereinigt.
21 »Welche Teleskoptypen gibt es?«

Rektaszension

Koordinate im Äquatorsystem, entspricht den Längengraden auf der Erde.
1 »Und sie dreht sich doch«

Rektaszensionsachse

Achse, die bei einer parallaktischen Montierung auf den Himmelspol gerichtet ist.
22 »Die verschiedenen Teleskopmontierungen«

Relativzahl

Maßeinheit für die Stärke der Sonnenaktivität, die sich aus der Anzahl der sichtbaren Sonnenflecken und Sonnenfleckengruppen ergibt.
42 »Sonnenflecken beobachten«

Rotation, gebundene

Dreht sich ein Himmelskörper während eines Umlaufs um einen anderen Himmelskörper genau einmal um seine eigene Achse, spricht man von gebundener Rotation. Im System Erde – Mond vollzieht der Mond eine gebundene Rotation
3 »Die Gesichter des Mondes«

Rotationsveränderlicher

Doppelsterne in einem besonders eng zusammenstehenden System können sich so stark anziehen dass sie sich elliptisch verformen. Die Helligkeit schwankt dadurch periodisch während ihrer Rotation.
12 »Sterne sind nicht immer gleich«

Riese

Im Vergleich zur Sonne ein Stern mit einer vielfachen Ausdehnung. Sie stellen spätere Entwicklungsstadien im Leben eines Sterns dar.
10 »Lebensweg der Sterne«

Satellit

In der Raumfahrt wird als Satellit ein künstlicher Flugkörper bezeichnet, der einen Planeten oder Mond auf einer elliptischen oder kreisförmigen Umlaufbahn umrundet
40 »Satelliten – künstliche Lichter am Himmel«

Schmidt-Cassegrain-Teleskop (SCT)

Spiegelteleskop, welches zusätzlich zum – mit einer zentralen Öffnung versehenen – Hauptspiegel am vorderen Ende des Tubus ein Linsenelement die Korrektorplatte, eine sog. Schmidtplatte besitzt Der Okularauszug befindet sich im Gegensatz zum Newton-Spiegelteleskop am hinteren Ende des Tubus. Der Fangspiegel des Schmidt-Cassegrain-Teleskops ist mittig in die Korrektorplatte eingelassen.
21 »Welche Teleskoptypen gibt es?«

Schwarzes Loch

Kompaktes Objekt, dessen Gravitationsfeld selbst Licht nicht entweichen kann. Sternrest einer Supernova, der mehr als etwa die 3fache Sonnenmasse besitzt, kollabiert unter seiner eigenen Schwerkraft auf einen Punkt und wird zum Schwarzen Loch. In den Kernen Aktiver Galaxien finden sich extrem massereiche Schwarze Löcher.

10 »Lebensweg der Sterne«

Schweif

Kommt ein Komet auf seiner Umlaufbahn der Sonne näher als die Marsbahn, wird seine Koma durch den Strahlungsdruck und den Sonnenwind »weggeblasen«, so dass die typischen Schweife des Kometen entstehen: ein von der Sonne weg gerichteter Gasschweif ist und ein gekrümmt erscheinender Staubschweif.

9 »Kometen: Vagabunden im Sonnensystem«

Seeing

Grad für die Luftunruhe der Atmosphäre, verursacht durch Turbulenzen und Windströmungen. Mit dem bloßen Auge erkennbare Anzeiger für das Seeing ist die Szintillation.

32 »Wird es klar heute Abend?«

Sonnenfilter

Spezielles Glas oder Folie für die Sonnebeobachtung, die das Licht der Sonne so stark abdämpfen, dass eine ungefährliche Beobachtung mit dem bloßen Auge oder Teleskop möglich ist.

25 »Sichere Sonnenbeobachtung«

Sonnenfinsternis

Während einer Sonnenfinsternis schiebt sich der Neumond für eine kurze Zeit vor die Sonne. Der Mondschatten trifft dabei die Erdoberfläche und verursacht eine Verfinsterung.

7 »Sonne und Mond im Dunkeln«

Sonnenflecken

Dunkle Stellen in der Photosphäre der Sonne, die auf Grund ihrer geringeren Temperatur gegenüber der umgebenden Sonnenoberfläche dunkler erscheinen.

5 »Warum leuchtet die Sonne?«

Sonnenprojektion

Methode zur Beobachtung der Sonne. Dabei ist eine weiße Projektionsfläche hinter dem Okular am Teleskop befestigt, auf die das ungefilterte Bild der Sonne in der Art eines Diaprojektors geworfen wird.

25 »Sichere Sonnenbeobachtung«

Sonnensystem

Das Sonnensystem umfasst unsere Sonne im Zentrum und alle durch ihre Anziehungskraft an sie gebundene Planeten, Zwergplaneten und Kleinkörper.

4 »Das Sonnensystem – die Heimat unserer Erde«

Sonnentag (mittlere)

Der mittlere Sonnentag dauert genau 24 Stunden. Er ist ein Durchschnittswert aus den Schwankungen der wahren Sonnenzeit und bildet die Grundlage unserer alltäglichen Uhrzeit.

2 »Der Sonnenlauf am Himmel«

Sonnentag (wahrer)

Zeitspanne zwischen zwei Höchstständen der Sonne am Standort des Beobachters. Der wahre Sonnentag ist nicht immer gleich lang, da sich die Sonne auf ihrer scheinbaren Bahn am Himmel im Sommer langsamer und im Winter schneller bewegt.

1 »Und sie dreht sich doch«

Sonnenwind

Ständiger Strom von elektrisch geladenen Teilchen wie Elektronen und Protonen, der von der Sonne ausgestrahlt wird.

6 »Eine Polarlichtnacht«

Sonnenzeit (mittlere), Ortszeit (mittlere)

Die mittlere Ortszeit weicht von der Mitteleuropäischen Zeit (MOZ) ab, wenn sich der Standort nicht auf dem 15. Längengrad befindet. westlich davon geht die MOZ je Längengrad 4 Minuten nach und östlich davon je Längengrad 4 Minuten vor.

1 »Und sie dreht sich doch«

Sonnenzeit (wahre), Ortszeit (wahre)

Zeit am Standort des Beobachters, die direkt vom Sonnenstand abhängt, beim Höchststand der Sonne am Standort beträgt die wahre Ortszeit 12 Uhr. Eine Sonnenuhr zeigt die wahre Sonnenzeit an.

1 »Und sie dreht sich doch«

Spektralklasse

Einteilung der Sterne nach Farben und Spektrallinien, die einen Rückschluss auf physikalische Eigenschaften wie z.B. die Oberflächentemperatur ermöglicht.

11 »Die Farben der Sterne«

Spektrallinien (Emissionslinie, Absorbtionslinie)

Helle oder dunkle Linien im Spektrum, deren Lage charakteristisch für das emitierende oder absorbierende Atom oder Molekül ist.

11 »Die Farben der Sterne«

Spektroskopischer Doppelstern

Spektroskopische Doppelsterne stehen am Himmel so eng zusammen, dass sie visuell nicht zu trennen sind und nur über Veränderungen in ihren Spektren erkannt werden können.

11 »Die Farben der Sterne«

Spiegelteleskop
siehe Reflektor

Star-Hopping
Technik bei der Beobachtung zum Auffinden von Deep-Sky-Objekten. Mit Hilfe von Sternkarten »hüpft« man ausgehend von einem markanten Stern weiter von Stern zu Stern bis zum gewünschten Ziel.
35 »Wie finde ich Himmelsobjekte mit dem Teleskop?«

Staubschweif
siehe Schweif

Sternassoziation
Gruppen von 100 bis 1000 Sonnen mit ähnlichen physikalischen Eigenschaften, die sich über ein größeres Raumgebiet verteilen und deshalb nicht so dicht wie Offene Sternhaufen sind.
13 »Haufenweise Sterne«

Sternbild
Anordnung von Sternen, die ein markantes Muster bilden und mit gedachten Linien zu einer bestimmten Gestalt verbunden werden.
28 »Das erste Sternbild«

Sterntag
Zeitspanne zwischen zwei Höchstständen eines Sterns am Standort des Beobachters.
2 »Der Sonnenlauf am Himmel«

Strichspuren
Wird ein Himmelsareal mit einer Belichtungszeit von mehreren Minuten oder länger fotografiert und die Kamera nicht der scheinbaren Bewegung der Sterne nachgeführt, erscheinen die Sterne als mehr oder weniger lang gezogene Striche.
38 »Die ersten Astrofotos«

Sublimation
Direkter Übergang eines festen Stoffes in einen gasförmigen Zustand.
9 »Kometen: Vagabunden im Sonnensystem«

Summenbild
Addition von in der Regel mehreren hundert bis tausend Einzelbildern z.B. einer Webcam durch eine spezielle Software. Durch Mittelung der Einzelbilder wird das Rauschen vermindert und die Schärfe des fertigen Summenbilds enorm gesteigert.
39 »Mit der Webcam auf Planetenjagd«

Superhaufen
Verbund von Galaxienhaufen, die durch ihre Gravitation aneinander gebunden sind. Die Superhaufen bilden die größten Strukturen des Universums.
17 »Wie entstand das Universum?«

Supernova
Explosion am Ende der »Lebenszeit« eines massereichen Sterns, bei der seine Leuchtkraft für eine kurze Zeit um das Milliardenfache zunehmen kann. Sie treten auch in Doppelsternsystem mit einem Weißen Zwerg auf, der soviel Materie von seinem Partner aufsammelt, das explosionsartig Kernfusion einsetzt.
10 »Lebensweg der Sterne«

Szintillation
Mit dem bloßen Auge erkennbares Flackern der Sterne, verursacht durch Turbulenzen in der Atmosphäre (Seeing).
32 »Wird es klar heute Abend?«

Teleskopisches Sehen
Regelmäßige Beobachtungen mit dem Teleskop und die Übung von verschiedenen Beobachtungstechniken wie indirektes Sehen oder Field Sweeping steigern die Fähigkeit, z.B. feine Details bei Planeten oder lichtschwache Strukturen bei Deep-Sky-Objekten wahrnehmen zu können.
37 »Das »richtige Beobachten«

Terminator
Grenze zwischen der Tag- und Nachtseite des Mondes und der Planeten.
41 »Sightseeing auf dem Mond«

Terrestrischer Planet
Planet aus vorwiegend festen Bestandteilen und schalenförmiger Struktur, der im Aufbau unserer Erde ähnlich ist.
44 »Mars: Wüste in Rot«

Tierkreis, Tierkreissternbilder
Im Laufe eines Jahres wandert die Sonne auf Ihrer scheinbaren Bahn am Himmel durch die 12 Sternbilder des Tierkreises: Widder, Stier, Zwillinge, Krebs, Löwe, Jungfrau, Waage, Skorpion, Schütze, Steinbock, Wassermann und Fische. Zusätzlich durchläuft sie das Sternbild Schlangenträger.
2 »Der Sonnenlauf am Himmel«

Tierkreiszeichen
Die Astrologie teilt den Tierkreis in zwölf gleich große Tierkreiszeichen mit jeweils 30° langen Abschnitten. Die Tierkreiszeichen sind nicht deckungsgleich mit den Tierkreissternbildern.
2 »Der Sonnenlauf am Himmel«

Totalitätszone
Nur in dem maximal etwa 300km breiten Bereich der Totalitätszone wird die Sonne während einer Sonnenfinsternis vollständig vom Mond verfinstert
7 »Sonne und Mond im Dunkeln

Transparenz
Bezeichnet die Klarheit oder Durchsicht des Himmels. Je weniger Staub und Feuchtigkeit sich in

der Atmosphäre befinden, desto transparenter ist der Himmel.
32 »Wird es klar heute Abend?«

Treibhauseffekt
Erwärmung der Atmosphäre eines Planeten durch bestimmte Gase (insbesondere Kohlendioxid CO_2 und Wasserdampf)
43 »Venus: Morgen- und Abendstern«

Tubus
Meist aus Metall bestehendes Rohr, das die Funktion eines Trägers für die bilderzeugenden Elemente, der Linse eines Linsenteleskop oder dem Spiegel eines Spiegelteleskops hat.
21 »Welche Teleskoptypen gibt es?«

Umkehrlinse
Umkehrlinsen werden zwischen Okularauszug und Okular montiert. Sie kehren die Abbildung so um, dass sie aufrecht und seitenrichtig erscheint und Erdbeobachtungen möglich sind.
23 »Sinnvolles Zubehör für das Teleskop«

Universum
Das Weltall mit all seinen Himmelsobjekten.
17 »Wie entstand das Universum?«

Untere Konjunktion
Position eines Planeten innerhalb der Erdbahn, in der er sich zwischen Erde und Sonne befindet.
43 »Venus: Morgen- und Abendstern«

Urknall (engl. Big Bang)
Theorie vom Beginn des Universums in einer Art »Explosion«, bei der Raum und Zeit entstanden.
17 »Wie entstand das Universum?«

Veränderliche Sterne
Sterne, deren Helligkeit sich auf Grund bestimmter Eigenschaften und Bedingungen regelmäßig oder unregelmäßig verändert.
12 »Sterne sind nicht immer gleich«

Vergrößerung
Das im Teleskop entstehende Bild wird mit Hilfe eines Okulars vergrößert. Die Vergrößerung wird durch die Wahl der Okularbrennweite bestimmt.
20 »Was kann ein Teleskop?«

Vollmond
Zur Vollmondphase stehen sich Sonne und Mond gegenüber, d. h. in Opposition. Jetzt sieht der Beobachter die voll erleuchtete Mondscheibe während der ganzen Nacht.
7 »Sonne und Mond im Dunkeln«

Wasserstoff
Leichtestes, gasförmiges chemisches Element mit dem Elementsymbol »H« (lateinisch hydrogenium), häufigstes Element im Universum.
5 »Warum leuchtet die Sonne?«

Webcam
Einfache digitale Kamera mit niedriger Auflösung von meist 640 x 480 Pixeln, die üblicherweise über die USB-Schnittstelle an einen Computer angeschlossen werden kann.
39 »Mit der Webcam auf Planetenjagd«

Weißer Zwerg
Sehr kleiner Stern von etwa Erdgröße, der sich nach Abstoßen der äußeren Gashülle aus einem Roten Riesen entwickelt. Er besitzt keine eigene Energieproduktion mehr.
10 »Lebensweg der Sterne«

Weißlicht
Bei der Sonnenbeobachtung im Weißlicht wird der Teil des Sonnenlichts beobachtet, den man mit den Augen wahrnimmt. Im Weißlicht sieht man die Photosphäre, auf der die z.B. Sonnenflecken erkennbar sind.
25 »Sichere Sonnenbeobachtung«

Zenit
Der Punkt am Himmel, der sich genau über dem Beobachter befindet.
30 »Wie groß sind die Sternbilder am Himmel?«

Zenitprisma, Zenitspiegel
Ein Zenitprisma oder ein Zenitspiegel lenkt den am Teleskop austretenden Lichtstrahl um 90 Grad ab, so dass bei Teleskopen mit Einblick am hinteren Ende des Tubus eine Beobachtung auch in Zenitnähe bequem möglich ist. Die Abbildung wird dabei gespiegelt.
23 »Sinnvolles Zubehör für das Teleskop«

Zwergplanet
Himmelskörper unseres Sonnensystems mit ausreichend Masse, um sich zu einer kugelförmigen Gestalt zusammenzuziehen. Im Unterschied zu Planeten ist seine Umlaufbahn jedoch nicht frei von weiteren Objekten.
4 »Das Sonnensystem – die Heimat unserer Erde«

Bildnachweis

Alle Grafiken und Fotos: Oculum-Verlag/interstellarum mit Ausnahme von:

Astrofoto/Shigemi Numazawa: 28-1, astroshop.at: 25-3, Celestron: 22-3, 26-1, P. Cinzano: 33-1, Levin Dieterle: 14-1, Torsten Edelmann: 3-3, 41-1, Intercon Spacetec: 22-1, 25-2, Skywatcher: 22-2, Lambert Spix: 6-1, 20-2, 37-1, 38-2, 38-3, 39-1, 40-2, 45-1, Sebastian Heß und Mario Weigand: Titel, Ronald Stoyan: 47-2. 48-3, 49-2, 50-3, 51-3, Teleskop-Service: 19-1, 19-2, 19-3, 19-4, Vixen: 25-1, Sebastian Voltmer: 8-1, 9-1, 10-1, 10-2, 10-3, 15-2, 42-2, 49-3, 50-2, 51-2, 52-3, Mario Weigand: 1-2, 3-3, 5-1, 9-2, 13-1, 13-2, 13-3, 20-1, 27-1, 38-1, 40-1, 41-2, 42-1, 43-1, 44-2, 45-2, 46-2, 47-3, 48-2, Peter Wienerroither: 12-1, 12-2, 18-1

Impressum

© 2007 Oculum-Verlag GmbH, Erlangen
E-Mail: info@oculum.de, Internet: www.oculum.de

Autor: Lambert Spix, Lektorat: Dr. Susanne Friedrich, Satz & Layout: Stephan Schurig

 ISBN 978-3-938469-17-0